Autodidaktisches Lernen in informationstechnischen Berufen mit Elementen der Abstraktionsfähigkeit und Komplexitätsreduktion

Isa-Dorothe Gardiewski

Autodidaktisches Lernen in informationstechnischen Berufen mit Elementen der Abstraktionsfähigkeit und Komplexitätsreduktion

Bibliografische Information der Deutschen Nationalbibliothek
Die Deutsche Nationalbibliothek verzeichnet diese Publikation
in der Deutschen Nationalbibliografie; detaillierte bibliografische
Daten sind im Internet über http://dnb.d-nb.de abrufbar.

Zugl.: Bremen, Univ., Diss., 2014

Umschlagabbildung: © Isa-Dorothe Gardiewski

Gedruckt auf alterungsbeständigem,
säurefreiem Papier.

D 46
ISBN 978-3-631-65842-0 (Print)
E-ISBN 978-3-653-05066-0 (E-Book)
DOI 10.3726/978-3-653-05066-0

© Peter Lang GmbH
Internationaler Verlag der Wissenschaften
Frankfurt am Main 2015
Alle Rechte vorbehalten.
PL Academic Research ist ein Imprint der Peter Lang GmbH.

Peter Lang – Frankfurt am Main · Bern · Bruxelles · New York ·
Oxford · Warszawa · Wien

Das Werk einschließlich aller seiner Teile ist urheberrechtlich
geschützt. Jede Verwertung außerhalb der engen Grenzen des
Urheberrechtsgesetzes ist ohne Zustimmung des Verlages
unzulässig und strafbar. Das gilt insbesondere für
Vervielfältigungen, Übersetzungen, Mikroverfilmungen und die
Einspeicherung und Verarbeitung in elektronischen Systemen.

Diese Publikation wurde begutachtet.

www.peterlang.com

Inhalt

Abstrakt IX

Abkürzungen XI

Abbildungen XIII

1 Einleitung 1
1.1 Aufgabenstellung 1
1.2 Zielsetzung 2
1.3 Forschungsdesign 5

2 Theoretische Grundlagen 9
2.1 Verortung der Dissertation 9
2.1.1 Komplexität und Reduktion 12
2.2 Forschungsstand 12
2.3 Fragestellungen – Die Entwicklung der Forschungsfragen 19

3 Strategien in der beruflichen Aus- und Weiterbildung 29
3.1 Lernen 29
3.2 Selbstorganisiertes Lernen 30
3.3 Selbstgesteuertes Lernen 33
3.4 Lebenslanges Lernen 35
3.4.1 Formelles und informelles Lernen 38
3.5 Lerntheoretische Ansätze – ein Aufriss übergeordneter Lerntheorien 41
3.6 Lernparadigmen des Konstruktivismus 42

4 Entwicklung des IT-Sektors und Herausforderungen für die berufliche Aus- und Weiterbildung 47
4.1 Entwicklung des informationstechnologischen Sektors 47
4.2 Herausforderungen für die IT-Aus- und Weiterbildung 52

5 Darstellung der Ausbildungsberufe und Weiterbildung in der Informations- und Telekommunikationstechnik 57
5.1 Derzeitige Situation – Ausbildungsprofile im Dualen System ... 57
5.2 Strukturmerkmale und Charakteristika der IT-Ausbildungsberufe 58

5.3 Teilbereich der schulischen Komponente 66
5.3.1 Übersicht der Lernfelder und Zeitrichtwerte der schulischen Rahmenlehrpläne 66
5.4 Teilbereich der betrieblichen Komponente 71
5.4.1 Möglichkeit zur Aus- und Weiterbildung im Bereich der Informationstechnologie 73

6 „Theorie des unbekannten Wissens" im IT-Sektor 77
6.1 Theoretische Aspekte des unbekannten Wissens 77
6.2 Arbeitsprozesswissen in der beruflichen Praxis 80
6.3 Der Innovationsbegriff 83

7 Empirische Untersuchung zu bekannten und unbekannten Wissenszusammenhängen 87
7.1 Einordnung der empirischen Untersuchung 87
7.2 Arbeitsprozessanalysen 88
7.3 Erhebungsmethoden 89
7.3.1 Arbeitsbeobachtungen 89
7.3.2 Halbstrukturierte Fachinterviews 89
7.3.3 Dokumentation der Erhebungsergebnisse 90
7.4 Durchführung der Erhebung 91

8 Untersuchungsergebnisse 97
8.1 Besprechung der Ergebnisse 97
8.2 Darlegung und Interpretation der Ergebnisse 98
8.3 Zusammenfassung der Ergebnisse unter Bezug der Fragestellungen 104

9 Die Entwicklung einer hochadaptiven Lernstrategie nach dem Prinzip der eigenbenannten „Kreativitätsschiene" 109
9.1 Das Prinzip einer „Kreativitätsschiene" 111
9.1.1 Grundsätzliches Prinzip 113
9.1.2 Problemlösungsschritte 113
9.1.3 Strategischer Ansatz 114
9.2 Umsetzung der Kreativitätsschiene als Teil der dualen Erstausbildung 117
9.3 Effekt der autodidaktischen Gleichzeitigkeit 118
9.4 Prophylaktische und punktuelle Anwendung der Kreativitätsschiene 119

9.5 Kritische Reflexion – Vorteile der fachinhaltlichen
Selbstqualifikation nach dem Prinzip der „Kreativitätsschiene".............. 120

10 Schlussbetrachtung.............. 125

11 Literatur.............. 133

Anhang.............. 159
A Anhang.............. 161
A 1 Anschreiben.............. 161
A 2 Die Arbeitsprozessanalysen als Kombination von
Arbeitsbeobachtungen und Gesprächen (um auch an
Hintergrundinformationen zu gelangen), gestalteten
sich anlehnend an folgenden Fragenkatalog.............. 162
A 2.1 Fragenkatalog – offene Fragestellung.............. 164
A 3 Transkriptionen.............. 165

Abstrakt

Diese Dissertation wird im berufswissenschaftlichen Forschungsgebiet und Praxisfeld der Berufsbildungsforschung – in Anlehnung an die Qualifikations- und Innovationsforschung für die Entwicklung neuer Lernkonzepte – verortet und setzt einen ersten Schwerpunkt auf die Untersuchung des bisher unbekannten und daher geheimen Arbeitsprozesswissens von Fachkräften in ausgewählten Bereichen des IT-Sektors.

Um die Anforderungen von gleichzeitig stattfindendem Lernen und Arbeiten in der IT-Branche in der Form eines neuen Lernprozesses umzusetzen, liegt ein zweiter Schwerpunkt der Dissertation auf der Ebene der Entwicklung einer hochadaptiven Lernstrategie. Diese, als eigenbenannte Kreativitätsschiene entwickelte Lernstrategie, nimmt im Berufsalltag mit einer steten Innovationsangleichung ein sinnhaftes Prioritätensetting vor und entspricht damit einer autodidaktischen Fortbildung des Lernenden, um stets auf dem Wissensstand des informationstechnologischen Fortschritts zu bleiben.

abstract

This dissertation is located in the professional scientific field of research and practical field of vocational education research – in terms of skills and innovative research for developing new learning concepts – and sets an initial focus on the investigation of the been unknown and therefore secret work process knowledge of specialists in selected areas of the IT sector.

To implement the requirements of the simultaneously taking place learning and working in the IT industry in the form of a new learning process, a second focus of the dissertation is on the level of development of a highly adaptive learning strategy. This developed as an own named creativity learning strategy "Kreativitätsschiene" takes everyday business innovation with a constant approximation of a reasonable priority-like setting before and thus corresponds to an autodidactic training of learners in order to always stay on the knowledge of the information-technological progress.

Abkürzungen

Abb.	Abbildung
AG	Aktiengesellschaft
APO-IT	Arbeitsprozessorientierte Weiterbildung in der IT-Branche
APP	Applikation – eine Anwendungssoftware für Mobilgeräte und mobile Betriebssysteme (engl. mobile application)
Aufl.	Auflage
BA	Bundesagentur für Arbeit
BBiG	Berufsbildungsgesetz
Bd.	Band
BIBB	Bundesinstitut für Berufsbildung
BMBF	Bundesministerium für Bildung und Forschung
bzw.	beziehungsweise
ca.	circa
Cedefop	European Centre for the Development of Vocational Training
d.h.	das heißt
Diss.	Dissertation
DQR	Deutscher Qualifikationsrahmen für lebenslanges Lernen
ebd.	ebenda
EG	Europäische Gemeinschaft
et. al.	et alii/et aliae
EU	Europäische Union
f.	folgende (Seite)
ff.	folgende (Seiten)
GAB	Gesellschaft für Ausbildungsforschung und Berufsentwicklung – GAB München
Hrsg.	Herausgeber
IHK	Industrie- und Handelkammer
ISST	Fraunhofer-Institut für Software- und Systemtechnik, Berlin
IT	Informationstechnologie

ITK	Informations- und Telekommunikationstechnologie
IuK	Informations- und Kommunikationstechnologie
KMU	Kleine und mittlere Unternehmen
OECD	Organisation für wirtschaftliche Zusammenarbeit und Entwicklung (engl. Organisation for Economic Co-operation and Development)
PE	Personalentwicklung
resp.	respektive
s.	siehe
S.	Seite
Tab.	Tabelle
u.a.	unter anderem
UNESCO	Sonderorganisation der Vereinten Nationen für Bildung, Wissenschaft und Kultur (engl. United Nations Educational, Scientific and Cultural Organization)
u.U.	unter Umständen
vgl.	vergleiche
z.B.	zum Beispiel

Abbildungen

Abbildung 01:	Effektivität des Lernens	3
Abbildung 02:	Information, Wissen, Handlungswissen	23
Abbildung 03:	Fachliche Bildung und berufliches Können bei gleichzeitigem Lehr-Lernprozess	26
Abbildung 04:	Merkmale des formalen und informellen Lernens	39
Abbildung 05:	Gutes Geschäftsklima in der deutschen ITK-Branche	51
Abbildung 06:	Anzahl der Mitarbeiter in der deutschen ITK-Branche (Angaben in Tausend)	51
Abbildung 07:	Wechselwirkung von beruflicher IT-Arbeit und IT-Ausbildung	53
Abbildung 08:	Strukturmerkmale der neuen Berufe	59
Abbildung 09:	Kernqualifikationen	61
Abbildung 10:	Bewerber für Berufsausbildungsstellen Deutschland	62
Abbildung 11:	Bewerber für Berufsausbildungsstellen im bundesweiten Agenturvergleich – Berichtsjahr 2012/2013	64
Abbildung 12:	„Berufe im Spiegel der Statistik" – IT-Kernberufe	65
Abbildung 13:	Übersicht über die Lernfelder für den Ausbildungsberuf Fachinformatiker/ Fachinformatikerin	68
Abbildung 14:	Übersicht über die Lernfelder für den Ausbildungsberuf IT-System-Elektroniker/ IT-System-Elektronikerin	69
Abbildung 15:	Übersicht über die Lernfelder für den Ausbildungsberuf IT-System-Kaufmann/ IT-System-Kauffrau	70
Abbildung 16:	Übersicht über die Lernfelder für den Ausbildungsberuf Informatikkaufmann/ Informatikkauffrau	71
Abbildung 17:	Organigramm des IT-Weiterbildungssystems APO-IT	74
Abbildung 18:	2×2-Matrix: bekanntes/unbekanntes Wissen	77
Abbildung 19:	Unbekanntes Wissen	80
Abbildung 20:	Arbeitsprozesswissen als der Zusammenhang von praktischem und theoretischem Wissen/von subjektivem und objektivem Wissen	82
Abbildung 21:	Kopplung von Arbeitsbeobachtung und Expertengespräch zur kontextbezogenen Objektivierung von Interpretationen	92

Abbildung 22: Leitfaden zur Befragung der begleitenden IT-Experten 94
Abbildung 23: Fragenkatalog – Leitfragen zu Interviews der
IT-Experten 95
Abbildung 24: Das Prinzip der Kreativitätsschiene 112
Abbildung 25: willkürlicher Aufgaben- und Problemkomplex 113
Abbildung 26: Lösungsschritte 114
Abbildung 27: Erkenntnisfeld 115
Abbildung 28: Kreativitätsschiene im schematischen Gesamtverlauf 116
Abbildung 29: schulische Lehreinheiten A + B 118
Abbildung 30: prophylaktischer und punktueller Einsatz der
Kreativitätsschiene 120
Abbildung 31: Alterungskurve 123

Aus Gründen der besseren Lesbarkeit wird großteils auf die gleichzeitige Verwendung weiblicher und männlicher Sprachformen verzichtet. Sämtliche Personenbezeichnungen gelten gleichwohl für beiderlei Geschlecht.

1 Einleitung

Da sich Wirtschaft und Arbeitsmarkt in einem beschleunigten Strukturwandel befinden, ergeben sich hieraus neue Anforderungen an Wissen, Qualifikation und Kompetenz der einzelnen Arbeitnehmer. Davon betroffen sind alle Mitglieder einer Gesellschaft und nur lebenslange Weiterentwicklung von Kenntnissen und Fähigkeiten anhand informeller und selbstgesteuerter Lernprozesse trägt nachhaltig zum Erhalt des Lebensstandards bei.

1.1 Aufgabenstellung

Es kommt also sehr darauf an, die Bereitschaft und die Motivation zu einem selbstständigen und lebenslangen Lernen anzuregen und gezielt zu fördern.

„Lebensbegleitendes Lernen ist durch Vorgänge der Entgrenzung mit dem Wandel gesellschaftlicher und pädagogischer Verhältnisse verflochten. Begriffe wie Kompetenzentwicklung, informelles Lernen oder Lebensführungsarbeit lenken den Blick auf die Bildungssubjekte und das Potenzial an Eigenleistungen der Lernenden. Damit verbindet sich die Frage nach einem Lernkulturwandel, der auch die Bildungsorganisationen und deren Arbeitsorientierungen erfasst" (Brödel 2004(b), S. U4).

Lernen ist gekennzeichnet durch einen aktiven Wissenserwerb samt der sich daraus ergebenden Erfahrung. Die Entwicklungen in Gesellschaft, Beruf und dementsprechend auch in der Arbeitswelt betonen zunehmend den Ansporn von Konzepten arbeitsorientierten Lernens (vgl. Sonntag/Stegmaier 2007). „Arbeitsorientiertes Lernen beschäftigt sich mit Erfahrungsbildung, Wissenserwerb oder Verhaltensänderung bei Menschen. Hierfür zugrunde liegende Lernvorgänge finden entweder direkt in der Arbeitstätigkeit statt oder werden durch eine entsprechende Gestaltung arbeitsbezogener Lernumgebungen ausgelöst" (Sonntag/Stegmaier 2007, S. 9). Wissenserwerb in der Berufsbildung geschieht in permanenter Wechselwirkung von Arbeiten und Lernen. „Selbstgesteuertes Lernen hat nach Straka stattgefunden, ‚wenn sich interne Bedingungen des Lernenden nachhaltig verändert haben und die dazu durchlaufene Handlungsepisode von Kontroll- sowie Selbstwirksamkeitsüberzeugungen geleistet war und abschließend das Lernergebnis als vom Handelnden verursacht und kontrolliert eingeschätzt wurde' (Straka 2006). Das Modell geht davon aus, dass Lernen mit einer nachhaltigen Veränderung der internen Bedingungen verbunden ist: Ein Lernen ohne Handeln ist nicht möglich und es kann immer nur im Nachhinein festgestellt werden, inwieweit etwas gelernt wurde. Nach

Straka kann demnach nur dann und im Nachhinein von Lernstrategien gesprochen werden, wenn Lernen stattgefunden hat, ansonsten handelt es sich um Handlungsstrategien" (Hoidn 2010, S. 139; vgl. Straka 2006).

Wichtig in beruflichen Lernprozessen ist die Schaffung von Lernanreizen und beruflichen Perspektiven. „Der Übergang zur Wissensgesellschaft, technologische Innovationen, die Auflösung fester Berufsverläufe sowie die zunehmende Flexibilisierung von Arbeit fordern von Mitarbeitern und Führungskräften, ihr Wissen und ihre Fähigkeiten durch kontinuierliches Lernen zu erhalten und weiterzuentwickeln. Um der Dynamik der Lernbedarfe gerecht zu werden, müssen Lernen und Arbeit in Konzeption und Gestaltung stärker verbunden werden" (Sonntag/Stegmaier 2007, S. U4).

Das bedeutet eine kontinuierliche Weiterbildung über den gesamten Zeitraum der Berufsausübung hinweg. So gewinnt das Lernen im Prozess der Arbeit an Bedeutung. Dahinter steckt ein Bündel an Lernmethoden: Lernen durch Nachahmen, durch Erschließung neuer Wissensquellen und durch beiläufiges oder bewusstes Aneignen von Erfahrungswissen. Neue Lösungsansätze auszuprobieren und ihren Nutzen zu bewerten, ist mittlerweile unverzichtbar. Es gilt also, die Bereitschaft und die Motivation eines jeden Individuums zu einem selbstständigen und lebenslangen Lernen anzuregen und gezielt zu fördern.

1.2 Zielsetzung

Die Beschäftigung mit der Konzeptionierung von effektiven Lernprozessen ist nicht neu, sondern seit Jahrhunderten von Bedeutung. Pädagogische Vordenker wie Diesterweg, Montessori oder Rogers sind sich in Ihren Forschungen dahingehend einig, dass „ein selbstständiges Aneignen von Inhalten beim Lernen eine wesentliche Rolle spiele und zugleich Mittel und Ergebnis der Bildung sei und zu freier Selbstbestimmung führe" (Deitering 1995, S. 15) und sich „als ein Prozess der Änderung des Wahrnehmungsfilters (…), des Austausches (…) durch neue ‚categories of understanding'" (Aßmann 2003, S. 203) begreifen lässt.

Für das Lernen „wesentliche Kriterien sind die Effizienz und Effektivität von Lehr-/Lernprozessen. Beide orientieren sich wiederum an den Kategorien Zeit, Kosten und Qualität des Lehrens und Lernens. Effektivitätsmerkmale eines Lernprozesses vergleichen den erreichten Lernerfolg mit den vorgegebenen Lernzielen und berücksichtigen auf den Lernprozess einwirkende Einflussgrößen. Effizienzmerkmale stellen dem Lernerfolg auf der Output-Seite die dafür erforderlichen, mit Zeit- und Kostengrößen bewerteten Einsatzfaktoren auf der Input-Seite gegenüber (Ferstl 2005, S. 260). „Dabei wird (…) die Effektivität von Lernprozessen durch das Ausmaß zwischen Akteuren bestehender kognitiver Nähe determiniert" (Aßmann 2003, S. 203). Nach Aßmann (Aßmann 2003) ist die Effektivität von Lernprozessen bei einem ausgewogenen Ausmaß an kognitiver Nähe der Akteure am größten. „Bei zu großer kognitiver Nähe ist zwar das gegenseitige Verständnis gegeben, es fehlt jedoch bei den vom anderen Akteur ‚ins Spiel gebrachten' Kategorien am erforderlichen Neuigkeitsgehalt. Andersherum verhält es sich bei zu großer kognitiver Distanz" (Aßmann 2003, S. 204). Diese Überlegungen in grafischer Darstellung umgesetzt zeigt die folgende Abbildung des effektiven Lernens.

Abbildung 01: Effektivität des Lernens

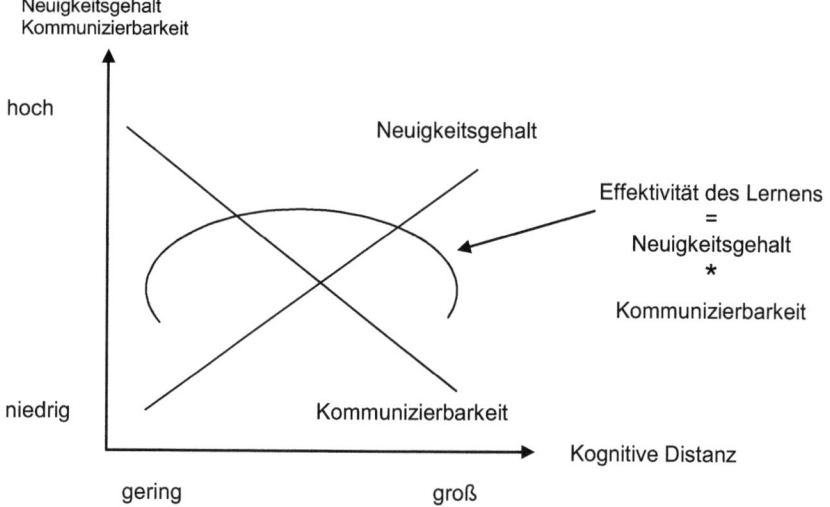

Quelle: Aßmann 2003, S. 204

Das Lernen eigenverantwortlich, selbsttätig und effektiv zu gestalten, steht in direktem Bezug zum Lebenslangen Lernen und bezieht sich in diesem Kontext sowohl auf die Erst- und Berufsausbildung als auch auf alle Ebenen der persönlichen Lebenssituationen. Dabei geht es weniger um das einseitige Erlangen von fachlichem Know-how, sondern vielmehr um die Befähigung, sich das benötigte Wissen zum rechten Zeitpunkt selbstständig aneignen zu können.

Vor diesem Hintergrund betrachtet diese Dissertation das Lebenslange Lernen im beruflichen Arbeitsleben und setzt bei der Untersuchung einen ersten Schwerpunkt auf die Ebene des geheimen Arbeitsprozesswissens, fokussiert auf die boomende Branche der Informations- und Kommunikationstechnologie.

„Die öffentliche Diskussion war zunächst erneut von der Frage geprägt, ob multimediales Lernen Unterricht mit Lehrkräften ersetzen wird, darf oder soll. In einer Euphoriewelle überwog in der gesellschaftlichen Diskussion hier ganz deutlich eine positive Bewertung des Einsatzes digitaler Technologien in der Bildung" (Kerres/Stratmann 2005, S. 32). Cloud Computing, seit dem Jahre 2008 einer der großen Hypes der IT-Branche, übernimmt das Versprechen des so genannten Computing on Demand-Konzeptes:

„– Bereitstellung von IT-Infrastruktur über das Web in kürzester Zeit
– praktisch nicht begrenzte Skalierbarkeit der IT-Leistungen
– entsprechend granulare Abrechnung" (Hradilak 2011, S. 17).

Aufgrund seiner Repräsentation einer gereiften technologischen Basis für Computing on Demand beziehungsweise Utility Computing kann Cloud Computing als neuer Wein bezeichnet werden. Das große Interesse an diesem Thema spiegelt die Sehnsucht vieler IT-Kunden wieder, die IT an eine Wolke abzugeben. Dies eröffnet viele Marktchancen wie neue Funktionalität durch Online-Verfügbarkeit, Integration neuer Endgeräte und Applikationen, Digitales Home Entertainment als Wachstumsmarkt. Einzelne IT-Bereiche wachsen zusammen, so dass der Bereich der IT-Sicherheit zusätzlich an Bedeutung gewinnt. Diese Aspekte dürfen aber nicht darüber hinweg täuschen, dass die IT-Branche auch zu einem Kostenfaktor geworden ist und mit Stagnationen zu kämpfen hat (vgl. Hradilak 2011, S. 17–18).

Die umfangreiche Auseinandersetzung mit Arbeitsprozessen der IT-Branche zeigt auf, in welchem Umfang, wie schnell, zeitnah und kostengünstig das Lernen von statten gehen muss, um einerseits die in den Rahmenlehrplänen vorgeschriebenen Lerninhalte lernen und gleichzeitig die aktuellsten Informationen und beruflichen Trends von morgen aufnehmen und umsetzen zu können. Die Herausarbeitung und Darstellung des bisher unbekannten Arbeitsprozesswissens dient dabei als Grundlage für die Entwicklung eines neuen Lernkonzepts im Kontext selbstständigen Lernens. Der Wissenszuwachs, den sich ein Mensch im Laufe seines beruflichen und privaten Lebens aneignet, erfolgt großteils durch permanente, noch nicht erschlossene Lernprozesse, meist mit persönlichem Interesse, aber auch mit beruflichem Fokus im Gespräch mit Kollegen oder im Chat, weniger in institutionalisierten Bildungseinrichtungen. „Nachhaltiges Lernen und eine tragfähige Kompetenzentwicklung können vielmehr nach allem, was wir aus der Lern- und Kompetenzforschung heute wissen – entgegen der landläufigen Einschätzung und Routine – dann in einem lernenden Subjekt reifen, wenn dieses den Rahmen und den didaktischen Raum erhält, um sich selbstgesteuert, produktiv, aktiv sowie in sozialem Austausch und selbsttätig mit den Anforderungen der jeweiligen Disziplin oder des jeweiligen Berufes, um den es geht, auseinanderzusetzen" (Arnold 2012, S. 1).

Diese Hauptelemente des Selbstlernens verweisen auf Strömungen und Paradigmen des Konstruktivismus als Lerntheorie, die ein prozessorientiertes und interaktives Arbeiten im Team beschreiben, um komplexe und neu auftretende Situationen zu bewältigen und ein notwendiges Verständnis für die Gesamtsituation zu erlangen; also ein ressourcenorientiertes Denken und Handeln im Berufsalltag. Lernen wird in der konstruktivistischen Lerntheorie als ein Prozess der Selbstorganisation von Wissen verstanden, der individuell abläuft. Mit der Zugrundelegung des Konstruktivismus als Lerntheorie handelt es sich nach von Glasersfeld „um eine unkonventionelle Weise, die Probleme des Wissens und Erkennens zu betrachten" (von Glasersfeld 1996, S. 22). Studien von Frackmann und Tärre belegen, dass befragte Auszubildende kaum Lern- oder Problemlösestrategien kennen und demzufolge auch nicht anwenden können (vgl. Frackmann/Tärre 2009).

Auf diesen selbstständigen Lernprozess aufbauend und weiterführend entwickelt, setzt der zweite Schwerpunkt dieser Dissertation, die Konzeptionierung einer neuen handlungs- und kompetenzorientierten Lernstrategie, an dem Punkt an, wo das durch den Wandel von Arbeitsprozessen entstandene unbekannte Wissen aufgedeckt und durch den Einsatz der Komplexitätsreduktion für jedermann autodidaktisch lernbar wird. Innovationen und Tendenzen im Arbeitsablauf werden damit schneller erkannt und Kompetenzen für einen effektiven Lernprozess entwickelt.

Die Konzeption einer hochadaptiven Lernstrategie zur angedachten Implementierung einer neuen Lernkultur gibt neue Impulse und Anregungen auch für eine wünschenswerte interdisziplinäre Diskussion.

Um die aufgeführten Zielsetzungen des Forschungsvorhabens zu erreichen, wird im nächsten Kapitel das Forschungsdesign als Grundlage der wissenschaftlichen Untersuchung dargestellt.

1.3 Forschungsdesign

Um das Thema des vorliegenden Forschungsvorhabens aus verschiedenen Perspektiven analytisch beleuchten und detailliert erschließen zu können, ist diese Dissertation untergliedert in einen theoretischen und einen konzeptionell angewandten Bereich.

Zur theoretischen Fundierung dieser Arbeit wurde Literaturrecherche in üblicher und moderner Weise betrieben, wissenschaftliche Literatur gesichtet und analysiert. Ebenso wurden Berichte aus der Praxis herangezogen und tagesaktuelle Schaubilder zur Verdeutlichung übernommen. Gerade bei dem gewählten und zu behandelnden Thema der Dissertation ist es notwendig und von großer Bedeutung, die interdisziplinären Berührungspunkte von berufspädagogischen Aspekten und Fakten der schnelllebigen Branche der Informations- und Kommunikationstechnologie literarisch aufzuzeigen.

Der inhaltliche Rahmen und das Arbeitsfeld des Forschungsvorhabens werden mit den formulierten Forschungsfragen abgesteckt. Diese zielen in einem ersten Fokus auf die Untersuchung des bisher unbekannten und daher geheimen Arbeitsprozesswissens in ausgewählten Bereichen des IT-Sektors und in einem zweiten Fokus auf die Entwicklung einer hochadaptiven handlungs- und kompetenzorientierten Lernstrategie.

Aufbauend auf diese theoretisch erhobenen Erkenntnisse werden mit einem empirischen Erhebungsverfahren diese Ergebnisse tiefergehend beleuchtet. Das von der Forscherin gewählte explorative Forschungsdesign und besonders die der Kommunikationswissenschaft entstammenden experimentellen Feldexperimente werden ihrem Namen entsprechend im natürlichen Umfeld der zu Befragenden durchgeführt und weisen deshalb ein hohes Maß an Realitätsnähe und externer Validität auf. Die Feldforschung im Besonderen stellt eine durch Anteil nehmende und dennoch objektive Beobachtung, gezielte Befragung und lockere Interview-Gespräche gekennzeichnete empirische Forschungsmethode dar und zeigt strategische Merkmale auf wie das Auf- und Wahrnehmen von Gedanken, Gefühlen, Problemen, aber auch eventuellen Ängsten und branchentypischen Sprachstilen. Durch die Kombination aus qualitativen und quantitativen Methoden wird für die Zeit der Untersuchung ein positives und persönliches Kontaktklima mit den begleiteten Experten aufgebaut, um am beruflichen Alltagsleben unter ethischen Anforderungen teilnehmen und die Untersuchung durchführen zu können (vgl. Flick 1991).

Mit den durchzuführenden Untersuchungsmethoden des Fachinterviews und der Arbeitsbeobachtung als herangezogene Analyseverfahren, die bei der Anwendung kombiniert und auf die Entschlüsselung des geheimen Arbeitsprozesswissens hin ausgerichtet werden, zeigt sich auch der explorative Charakter dieser Dissertation. Nicht die Repräsentativität steht im Vordergrund, sondern die Präsentation und die Exploration eines aktuellen und modernen Themas.

Die analysierten Untersuchungsergebnisse dienen als fachliche Grundlage der Konzeption einer neuen, handlungs- und kompetenzorientierten, hochadaptiven Lernstrategie für ein autodidaktisches Lenen in informationstechnischen Berufen mit Elementen der Abstraktionsfähigkeit und Komplexitätsreduktion.

Die theoretischen Grundlagen für ein umfassendes und profundes Verständnis des Themas werden zu Beginn dieser Arbeit im zweiten Kapitel geschaffen.

Mit der Verortung der Dissertation in ein berufswissenschaftliches Forschungsgebiet und Praxisfeld werden sogleich auch die Untersuchungsschwerpunkte herausgearbeitet. Danach wird der das Thema umfassende Forschungsstand aufbereitet und dargestellt, bevor in einer nächsten Arbeitsphase die das Forschungsvorhaben tragenden Forschungsfragen entwickelt und präsentiert werden.

Aufgrund der wachsenden Anforderungen an Lernende und Lehrende in Aus- und Weiterbildungssystemen wird im dritten Kapitel der Frage nach dem eigentlichen Begriff des Lernens nachgegangen und in einer weiteren theoretischen Grundlegung die wesentlichen Lernstrategien der beruflichen Aus- und Weiterbildung skizziert. Die Herauskristallisierung des Lebenslangen Lernens, in seinen Formen des informellen und selbstständigen Lernens, verweist in seinen Hauptelementen auf Strömungen und Paradigmen verschiedener Strategien und Lerntheorien zu nachhaltiger Fort- und Weiterbildung.

Im vierten Kapitel erfolgt der Brückenschlag zur untersuchenden Branche der Informationstechnologie (IT) als moderner Dienstleistungssektor, deren Weiterbildungsmaßnahmen auch in den schnelllebigen Zeiträumen immer noch nur angebotsorientiert und seminaristisch abgehalten werden. Die aufgezeigte Entwicklung des IT-Sektors spiegelt die raschen Veränderungen und die kürzer werdenden Innovationszyklen der Branche wider, die für die berufliche Aus- und Weiterbildung große Herausforderungen darstellen.

Um einen tiefer gehenden Einblick in die aktuelle Ausbildungssituation der fünf informationstechnologischen Ausbildungsberufe zu erhalten, wird im fünften Kapitel auf Strukturmerkmale und Charakteristika der IT-Ausbildungsberufe im dualen System eingegangen. In einer Übersicht werden dabei schulische und betriebliche Komponenten aufgeführt und bisherige, weniger effiziente Weiterbildungsmöglichkeiten aufgegriffen, um im darauf folgenden Kapitel sechs mit der Suche nach dem unbekannten und so genannten geheimen Wissen im Arbeitsprozess den Wissensbedarf aufgrund neuer beruflicher Frage- und Problemstellungen zu ermitteln.

Kapitel sieben beinhaltet die eigenständige empirische Untersuchung und verfolgt dabei die Beantwortung der drei in Kapitel zwei entwickelten und postulierten Forschungsfragen der Dissertation. Anhand eines methodischen Vorgehens aus Arbeitsbeobachtungen in Kombination mit halbstrukturierten Fachinterviews werden die für eine Befragung konzipierten Fragen in einem Fragenkatalog zusammengestellt und bei der anschließenden Untersuchungsdurchführung vor Ort im Arbeitsprozess von den Interviewpartnern beantwortet.

In einem eigenen Kapitel acht werden die gewonnenen Ergebnisse aufgeführt, bearbeitet und zusammengefasst. Die Erkenntnisse über aktuelle Arbeitsweisen, derzeitige Weiterbildungsmöglichkeiten, das mangelnde Wissen aufgrund der massiven und kurz getakteten Informationsüberreizung und die damit verbundene Gestaltung zukünftiger Lern-Arbeitsplätze führen zur notwendigen Konzeption einer neuen Lernstrategie für ein individuell angepasstes, autodidaktisches und ortsungebundenes Lernen. Diese Vorgaben werden in einem weiteren Hauptkapitel, Kapitel neun, aufgegriffen, genutzt und in einer eigenständigen Konzeptionsphase umgesetzt.

Kapitel zehn beinhaltet eine Schlussbetrachtung der Forschungsarbeit mit einer reflexiven Zusammenfassung samt Rückschluss auf die eingangs gestellten Forschungsfragen und wirft mit einem positiv-kritischen Ausblick Fragen auf, die weiteren Forschungsvorhaben dienen können.

2 Theoretische Grundlagen

Die theoretischen Grundlagen als Einführung und tiefer gehendes Verständnis des zu bearbeitenden Themas werden in diesem Kapitel geschaffen.

2.1 Verortung der Dissertation

Die Dissertation wird im berufswissenschaftlichen Forschungsgebiet und Praxisfeld der Berufsbildungsforschung – in Anlehnung an die Ausführungen von Fischer (Fischer 2000) hinsichtlich der Qualifikations- und Innovationsforschung für die Entwicklung neuer Lernkonzepte (vgl. Gerds/Deitmer/Fischer 2002) – verortet und setzt einen ersten Schwerpunkt auf die Untersuchung des bisher unbekannten und daher geheimen Arbeitsprozesswissens von Fachkräften in ausgewählten Bereichen des IT-Sektors.

Die Verbindung von bildendem Wissen und kompetentem Können wurde von Neuweg mehrfach hinterfragt, untersucht und belegt. „Gegenstand des *tacit knowing view* ist (...) nicht primär die Analyse von Formen und *Strukturen* des Wissens oder gar die Bestimmung der relativen Anteile von explizitem und implizitem Wissen bei einer Person oder in einer Organisation. *Knowing* verweist vielmehr auf *Prozesse* des Wahrnehmens, Beurteilens, Antizipierens, Denkens, Entscheidens, Handelns, kurz: auf ‚Könnerschaft', die ihr zu Grunde liegenden Wahrnehmungs- und Handlungsdispositionen und die Akte der Performanzregulation, in denen diese Dispositionen ihren Ausdruck finden" (Neuweg 2005, S. 557).

Aus dem Zusammenwirken von Hintergrundwissen und Fokalbewusstsein auf das Handeln entsteht Kompetenz, so die Folgerungen und Ausführungen Neuwegs zum tacit knowing view (vgl. Neuweg 2005). Das Wissen einer Fachkraft äußert sich in seinem Können, während sein entsprechendes Wissen in sein Handeln integriert ist. Die Wissenstheorie Polanyis zielt dabei auf mentale und praxisorientierte Prozesse, weniger auf kognitive, theoretische Wissensstrukturen (vgl. Polanyi 1985). Nach Neuweg drückte sich Polanyi hierüber folgendermaßen aus: „Wir wissen mehr, als wir zu sagen vermögen" (Neuweg 2005, S. 583). Zur beruflichen Kompetenzerfassung wird eine auf konzeptionellen Annahmen einer tacit-knowing-Perspektive begründete und erfahrungsbezogene Perspektive eingebracht. „Unterschiedliche Positionen werden in den jeweiligen Bezügen zu unterschiedlichen Kompetenzverständnissen und -konstrukten sichtbar, die forschungsleitend den Vorschlägen zur Erfassung und Messung von Kompetenzen zugrunde gelegt werden. Eine erfahrungsbezogene Perspektive, die als Kritik am kognitivistischen Paradigma aufgebaut wird, gründet sich auf konzeptionellen Annahmen einer tacit-knowing-Perspektive" (Dietzen 2011, S. 296), die im Wesentlichen auf der Erkenntnistheorie Polanyis basiert und von den Expertisenforschern Gruber (Gruber 2001), Mandl und Gerstenmaier (Mandl/Gerstenmaier 2001) als auch von Spöttl (Spöttl 2010) und Fischer (Fischer 2010) in die berufspädagogische Diskussion eingebracht wurde. „Die Rezeption und Diffusion erfolgt vor allem im deutschen Sprachraum über den Begriff des impliziten Wissens. Für die Berufsbildungsforschung ist das Konzept insbesondere durch die berufspädagogische Rezeption durch Fischer und Neuweg, durch arbeitssoziologische Ansätze von Böhle und durch die Expertisenforschung zugänglich gemacht worden" (Dietzen 2011, S. 299).

Nach den Ausführungen Neuwegs ist die praktische Könnerschaft immer einen Schritt dem theoretischen Wissen voraus und kann von diesem nicht eingeholt werden. Genau an diese Ideen des impliziten Wissens von Neuweg knüpfen die Grundgedanken dieses vorliegenden Forschungsvorhabens für die Erschließung des unbekannten Arbeitsprozesswissens von IT-Spezialisten im täglichen Arbeitsalltag an, samt der Auseinandersetzung mit Formen selbstständigen Lernens für den Prozess der Wissensaneignung. „Da berufliches Wissen und Können an praktische Erfahrungen in der Arbeit gebunden ist, gewinnen Lern- und Aneignungskompetenzen in und durch die Arbeit an Bedeutung. In der Berufsbildungs- und Weiterbildungsforschung ist der Kompetenzbegriff in den Fokus gerückt, mit dem (...) eine stärkere Orientierung auf das Lernen in der Arbeit und eine Aufwertung des Lernprozesses zum Ausdruck gebracht wird. Die Informationstechnologiebranche als relativ junge Dienstleistungsbranche ist von den genannten Entwicklungen in besonderer Weise betroffen, denn sie ist gezeichnet durch kurze Innovationszyklen, einen relativ hohen Anteil an Seiten- und Quereinsteigern und vorwiegend projektförmig organisierten Arbeitsprozessen. Zudem verfügt sie über keine tradierten Weiterbildungsstrukturen und -formen. Gerade Beschäftigte und Unternehmensleitungen in klein- und mittelständischen Unternehmen (KMU) finden in der Regel kaum passgenaue Weiterbildungsangebote bei Bildungsanbietern. Auch die Weiterbildungsforschung ist zumeist auf Großbetriebe fokussiert; in ihren Modellentwicklungen sind kleinere und mittlere Unternehmen unterrepräsentiert" (Molzberger/Schröder/Dehnbostel/Harder 2008, S. 7).

Für die moderne Gestaltung arbeitsprozessorientierter Weiterbildung und für die Implementierung einer neuen Lernkultur sind flexibleres Arbeiten, die Integration des Lernens in den Arbeitsalltag und der Umgang mit einer Vielzahl von Informationen zu berücksichtigende Komponenten. „Die Ergebnisse von Lernprozessen sind abhängig von Formen, Kontexten und Wegen des Wissenserwerbs.

Das in der Regel unbewusst und beiläufig erfolgende Erfahrungslernen führt primär zum Aufbau impliziten Wissens, das für die Lernenden zwar gut anwendbar, aber schwer zu explizieren und damit auch nicht zu kommunizieren ist" (Schmidt-Hertha 2011, S. 246).

„Die gesellschaftlichen Lebensprozesse sind durch Entgrenzung der Arbeitsfelder, die Informatisierung aller Kommunikationsprozesse sowie eine zunehmende Subjektivierung von Arbeit bestimmt, Damit ist es notwendig, neben institutionellen Formen der Bildung dem Lernen in der Praxis ebenfalls einen zentralen Stellenwert einzuräumen. Im Besonderen gilt dies für berufliche Bildungsprozesse im Lebenslauf, (…). Damit entsteht in der Bildungspolitik Handlungsbedarf. Bildungspolitische Innovationen und strukturelle Veränderungen sind angesagt. Ziel muss es sein, das (Weiter-)Lernen für alle Gruppen der Bevölkerung in beruflichen, betrieblichen und sozialen Kontexten zu fördern" (Böhle/Elbe/Peters 2013, S. 1).

Um die Anforderungen von gleichzeitig stattfindendem Lernen und Arbeiten in der IT-Branche in der Form eines neuen Lernprozesses umzusetzen, liegt ein zweiter Schwerpunkt der Dissertation auf der Ebene der Entwicklung einer hochadaptiven Lernstrategie. Diese, als eigenbenannte Kreativitätsschiene zu entwickelnde Lernstrategie, nimmt im Berufsalltag mit einer steten Innovationsangleichung ein sinnhaftes Prioritätensetting vor und entspricht damit einer autodidaktischen Fortbildung des Lernenden, um stets auf dem Wissensstand des informationstechnischen Fortschritts zu bleiben. Mit dieser Lernmethode wird komplexes Wissen aufgebrochen, abstrahiert und reduziert, um es verständlich zu machen. Ort und Zeit des Lernens selbst zu bestimmen, zielorientiert zu steuern und die Weiterbildungsaktivitäten so passgenau als möglich in die Berufssituation zu integrieren, ist das Ziel der individuellen Kreativitätsschiene. „Zugleich werden so verschiedene Lerntypen angesprochen und unterschiedliche Lernformen miteinander verknüpft" (Grassl/Mörth 2013, S. 18).

Ein dauerhaftes Trainieren dieser handlungs- und kompetenzorientierten Lernstrategie steht dabei im Vordergrund, beispielsweise durch den effizienten Einsatz der Komplexitätsreduktion mit Elementen der didaktischen Reduktion nach Grüner (vgl. Grüner 1967). Auch Michelsen stellt die Notwendigkeit dar, schwer verständliche wissenschaftliche Aussagen zu verständlichen, fasslichen Lehrstoffen zu reduzieren und befürwortet eine didaktische Reduktion abstrakter Gesetzmäßigkeiten durch eine von Reduktionsstufe zu Reduktionsstufe fortschreitende Spezialisierung (vgl. Michelsen 2006). Dies führt im Rahmen der fachdidaktischen Forschung zur Entwicklung weiterer Stufen der didaktischen Reduktion, die in der Bearbeitung des vorliegenden Forschungsvorhabens in der Reduzierung von Arbeitsprozessimplikationen münden.

2.1.1 Komplexität und Reduktion

Der Begriff der Komplexität bezeichnet allgemein ein „Maß für die Systemvielfalt, das heißt für die potentiell in einem System enthaltenen Ordnungszustände" (Lehner 2012, S. 21) und steht im Gegenüber von Formen der Auswahl, Konzentration und Vereinfachung.

Werden im Kontext der Komplexität Lerninhalte betrachtet, zeigen sie umfangreiche inhaltliche Verknüpfungen und Querverbindungen auf. Da sich Komplexität vornehmlich auf den Lernstoff bezieht, lässt sich die inhaltliche Komplexität auch nicht durch ein Mehr-Lernen verringern, wird für den Lernenden „aber eher ‚beherrschbar' bzw. bearbeitbar, wenn eine sinnvolle inhaltliche Auswahl getroffen wird" (Lehner 2012, S. 22). Zudem wird durch eine gezielte Auswahl und Reduzierung der Stofffülle den Wünschen der meisten Lernenden entsprochen, sich schnell und effektiv Wissen anzueignen und dies auch mit Erfahrungshintergrund weiterzugeben. „Subjektive Perspektiven, wie sie von Lehrenden und Lernenden hinsichtlich der Aspekte Komplexität und Reduktion eingenommen werden, bezeichnen neben den objektiven Bedingungen wichtige Aspekte der Stoff-Zeit-Relation" (Lehner 2012, S. 21).

Der Didaktischen Reduktion als eine Herausforderung für die Didaktik kommt in der Wissens- und Informationsgesellschaft deshalb eine gewichtige Funktion zu. Die Wegbereiter dieses Ansatzes der Didaktischen Vereinfachung, Hering und Lichtenecker, haben bereits Mitte der 1960er Jahre „darauf hingewiesen, dass es immer auch darum gehen muss, ‚ein Thema knapp, zeitsparend und fasslich, aber dennoch wissenschaftlich einwandfrei' zu behandeln" (Lehner 2012, S. 26). Auch wenn die Didaktische Reduktion nach Aussagen von Aschersleben in der modernen Zeit ein vernachlässigtes Gebiet der didaktischen Diskussion ist, gibt es dennoch bereichsspezifische Ansätze im Bereich Weiterbildung und Hochschuldidaktik und besonders im pädagogischen Segment der Berufspädagogik ist die Didaktische Reduktion weiterhin ein präsentes Thema (vgl. Lehner 2012).

2.2 Forschungsstand

Die zunehmend von raschen Veränderungen geprägte Lebens- und Arbeitswelt kann durch Strategien lebenslangen und selbstgesteuerten Lernens begreifbar und vereinfacht werden wie auch Lebenslanges Lernen und die Weiterbildung im Erwachsenenalter einer ihrer Legitimationen durch stete Veränderungsprozesse erhält. Während es bis vor einigen Jahren noch eine Selbstverständlichkeit war, in dem erlernten Ausbildungsberuf ohne weiteren beruflichen Wissenserwerb beschäftigt zu sein und zu bleiben, wird heute von den Berufstätigen eine stete Bereitschaft zur Weiterbildung und neuem Wissenserwerb erwartet.

Lebenslanges Lernen gilt als komplexes Thema unserer Zeit und ist viel länger schon Gegenstand pädagogischer Überlegungen und Umsetzungen. Lebenslanges und Selbstgesteuertes Lernen sind traditionelle Bestandteile von Erziehungs- und Bildungskonzeptionen (vgl. Nationaler Bildungsbericht 2010 – Internet 5).

Insbesondere für die berufliche Weiterbildung ist der gegenwärtige Grundgedanke bestimmend, dass das in der Erstausbildung erworbene Wissen und Können im Hinblick auf technische, ökonomische und soziale Veränderungen im Beruf der permanenten Kontrolle und der Erneuerung bzw. Erweiterung bedarf. Das involviert den Wunsch auf eine bessere Vorbereitung auf die eigentlichen Arbeitsaufgaben im gewählten Beruf, die Erlangung von mehr Kompetenz bei der Erkennung und Erfassung von Innovationen in der Branche, um schneller und eigenständig darauf reagieren zu können und nicht länger angewiesen sein zu müssen auf das Wissen anderer. Dies impliziert ein Lernen, das sich über das gesamte Berufsleben erstreckt.

Diese Weiterbildung fokussiert sich bisher jedoch meist nur auf das reine Faktenwissen, weniger auf das Erfahrungswissen (vgl. Neuweg 2006), so dass zukünftig besonders im informationstechnologischen Bereich das Erfahrungswissen für Weiterbildungsmaßnahmen stärker in den Vordergrund gerückt und inhaltlich eingebunden werden muss.

„Das gemeinsame Bearbeiten komplexer beruflicher Aufgaben durch Erfahrene und weniger Erfahrene wurde als wichtiges, bislang kaum erreichtes Ziel angesehen" (Gruber 2011 – Internet 3). Bei der Involvierung des Erfahrungswissens in die Umsetzung einer zu konzipierenden Lernstrategie spielen folgende drei Komponenten zusammen: „(1) Da kompetentes Handeln den Umgang mit großen Wissensmengen erfordert, sind kognitive Informationsverarbeitungsprozesse bedeutsam, etwa der Erwerb und die Organisation neuen Wissens (…). (2) Kompetenzerwerb im Sinne erfolgreichen beruflichen Handelns wird leichter möglich, wenn die subjektive Relevanz der Lernepisoden gewährleistet ist. (3) Der Erwerb von Erfahrung zum Aufbau beruflicher Kompetenz ist durch das Lernen in komplexen, anwendungsrelevanten Situationen am ehesten zu fördern" (Gruber 2011 – Internet 3).

Selbstgesteuertes und selbsterarbeitendes Lernen prägen zunehmend die modernen Lernformen. „Kontinuierliches Lernen ist dort möglich, wo (…) Arbeitnehmerinnen und Arbeitnehmer in innovativen Beschäftigungsbereichen tätig sind, in denen eine Lernkultur existiert, die Lernen während des gesamten Berufsverlaufs zur Selbstverständlichkeit macht und auch ältere Beschäftigte davon überzeugt sind, dass ihre Expertise gefragt ist" (Kellersohn 2014 – Internet 1).

Das Lernen im Rahmen der beruflichen Bildung ist ein kontinuierlicher Prozess und beinhaltet neben dem Aufnehmen neuer Informationen vor allem das dauerhafte Bemühen und die Bereitschaft nach dem Erwerb von neuem Wissen und zu erlernenden Fähigkeiten. „Des Weiteren sucht sich der kontinuierlich Lernende Aktivitäten, die Lernen ermöglichen; und wendet dieses erworbene und erweiterte Wissen sowie neue und verbesserte Fähigkeiten bewusst an. Kontinuierliches Lernen ist also ein weitgehend bewusster Prozess, der von der Person selbst initiiert und gesteuert wird" (Sonntag/Schaper/Friebe 2005, S. 89).

Dass Lernen immer ein aktiver Prozess ist, belegen bisherige Ergebnisse neuronaler und psychologischer Forschung. So galten bereits Aeblis wissenschaftliche Interessen der kognitiven Psychologie und der Entwicklungspsychologie und er setzte sich schon sehr früh mit dem Verständnis des Lernens in der Geschichte des didaktischen Denkens mit Fokus auf Denkentwicklung und Stimulierung des jeweiligen Denkprozesses auseinander. Die wissenschaftliche Didaktik muss „aus der psychologischen Kenntnis der Vorgänge geistiger Formung" (Aebli 1963, S. 88) diejenigen methodischen Maßnahmen ableiten, die für die Entwicklung der Lernprozesse am besten geeignet sind (vgl. Aebli 1963). Auch die heutigen, aktuellen Diskussionen der Hirnforschung zeigen den aktiven Prozess des Wissenserwerbs anhand der Bildung von individuellen Wissenskonstrukten auf (vgl. Spitzer 2007). Selbstgesteuertes Lernen gilt als Ziel und Voraussetzung der Berufsbildung. Herauszustellen sind dabei die eigenen Handlungsspielräume, in denen der Lernende selbstbestimmt Lernprozesse ergreift, durchführt und eigenständig überwacht. Roth (Roth 2001) fasst die Diskussionen um das selbstgesteuerte Lernen zusammen und zeigt die Deutlichkeit auf, „dass die Fähigkeit zur Selbststeuerung als Voraussetzung für erfolgreiches Handeln zu betrachten ist" (Sembill/Seifried 2009, S. 95). Nur wenn der Lernende sich selbstständig und intensiv mit einem für ihn noch unbekannten Lerngegenstand auseinandersetzt, wenn er anhand situierten, komplexen, berufsnahen und authentischen Aufgabenbereichen lernt, kann er sein Lernen konstruktiv gestalten und sein erworbenes Wissen in steten Lernprozessen ausbauen. Hüther benennt die hier zugrunde liegenden Lernzugänge als Eigenmotivation und Erfahrung, Entdeckerfreude und Gestaltungslust (vgl. Hüther 2006).

Strategien selbstständigen Lernens stehen für die Bedeutung und Konturen wirkungsvoller Fort- und Weiterbildung. Dabei gilt das Lebenslange Lernen als ein Leitmotiv, das an Bedeutung gewinnt (vgl. Europäische Kommission/Cedefop 2003, S. 6). Das Thema des Lebenslangen Lernens ist aktuell und viel länger schon Gegenstand pädagogischer Überlegungen und Umsetzungen. Dieser Gedanke geht zurück bis in die Antike und zu jener Zeit, als es erste Zeugnisse pädagogischer Reaktionen auf den sozialen Wandel gab. „Die Idee eines lebenslangen Lernens ist also keineswegs neu, sondern traditioneller Bestandteil von Erziehungs- und Bildungskonzeptionen, nach denen menschliches Lernen als prinzipiell unabgeschlossen und unabschließbar galt und besonders in Epochen raschen und radikalen sozialen Wandels notwendig erschien" (Achtenhagen 2000, S. 28).

Ob von OECD, UNESCO und Europarat begrifflich als lifelong education, recurrent education und éducation permanente betitelt, setzt Weiterbildung durch Lebenslanges Lernen im beruflichen Rahmen auf berufliches Erfahrungswissen und verlangt zusätzlich nach implizitem Wissen und informeller Lernstrategie für die Erschließung eines unbekannten Arbeitsprozesswissens samt der Auseinandersetzung mit Formen selbstständigen, autodidaktischen Lernens für den Vorgang der Wissensaneignung. Die dabei anzuwendenden Prozesse der Abstraktion und Komplexitätsreduktion der neuen und meist umfangreichen Lerninhalte sind notwendig für die im Arbeitsalltag durchzuführende Selbstorganisation von komplexen Wissensinformationen und letztendlich unerlässlich für ein kompetentes Handeln bei der Umsetzung in eine selbstbestimmte und damit zeitgemäße Weiterbildung.

Neben Sembill (Sembill 1996) und Rosendahl (Rosendahl 2010) reflektiert auch Dubs über die Methode des selbstorganisierten und selbstregulierten Lernens: Wesentlich am selbstregulierten Lernen ist, dass die Schülerinnen und Schüler erstens lernen, eine gestellte Aufgabe oder Problemstellung zu analysieren und sich ein Ziel zu setzen. Dazu müssen sie motiviert sein und über ein Wissen über sich selbst (Selbstkonzept) und ihr eigenes Lernen verfügen. Zudem muss aus früherem Lernen ein fachspezifisches Wissen (Vorwissen) und Problembewusstsein vorhanden sein. Zweitens wählen sie eine Denk- oder Lernstrategie aus, von der sie annehmen, dass sie sich zur Zielerreichung (Problemlösung) eignet. Dazu sollten sie auf ein Repertoire von bereits erarbeiteten Denk- und Lernstrategien zurückgreifen können. Allenfalls erkennen sie, dass sie die gewählte Strategie anpassen oder gar eine neue entwickeln müssen. Drittens beobachten die Lernenden fortwährend ihren Denk- oder Lernprozess im Hinblick auf die Zielsetzung und nehmen im Falle von Abweichungen und Schwierigkeiten beim Fortgang des Lernens Angleichungen vor. Diese drei Schritte lassen sich im Zusammenhang mit konkreten Lerninhalten entwickeln und erlernen. Begriffswissen zu konkreten Lerninhalten sowie Denk- und Lernstrategien sind also immer gleichzeitig zu konstruieren. Nur in dieser Vorgehensweise wird das Lernen eigenständig reflektiert und zielgerichtet gesteuert, der Lernprozess selbst konzipiert und durchgeführt (vgl. Dubs 1996).

Anlehnend an Weinert (Weinert 1982) definieren Sembill und Seifried selbstgesteuerte Lernprozesse als solche, „bei denen der Handelnde die wesentlichen Entscheidungen, ob, was, wann, wie und woraufhin er lernt, gravierend und folgenreich beeinflussen kann" (Sembill/Seifried 2009, S. 94).

Selbstbestimmte, selbstgesteuerte und selbstorganisierte Lehr-Lernprozesse finden seit Jahrzehnten im betrieblichen Kontext großes Interesse. Weinert definiert das Selbstgesteuerte Lernen als eine Dimension des Lernens, die durch die Abwesenheit externer Lernkontrolleure gekennzeichnet ist. Ebenso ist Selbstgesteuertes Lernen ein lerntheoretischer Ansatz und steht für das Lernen als interaktiver Prozess. Weinert deklariert, dass Selbstgesteuertes Lernen „Voraussetzung, Methode und Ziel" (Weinert 1982, S. 99) von Lehr-Lern-Prozessen sei. Handlungsregularien für kooperatives Lernen sind im Rahmen des Selbstgesteuerten Lernens weniger diskutiert, sondern finden sich eher im Konzept der Selbstorganisation. „Selbstorganisation ist ein Begriff mit nahezu universeller Anwendbarkeit in verschiedene wissenschaftlichen Disziplinen (…) und ist offener und weiter gefasst als der Begriff der Selbststeuerung" (Sembill/Seifried 2009, S. 96). Prozesse der Selbstorganisation umfassen selbstgesteuerte resp. selbstregulative Prozesse und gehen zusätzlich darüber hinaus. Göbel (Göbel 1998) stellt zwei unterschiedliche Fassungen des Konzeptes der Selbstorganisation auf, „die als selbstständige Entstehung von Ordnung bzw. als selbstbestimmte Entstehung von Ordnung bezeichnet werden können" (Sembill/Seifried 2009, S. 96):

„Ordnung entsteht ‚von selbst' (autogen):
- Die immanente Rationalität selbstorganisierender Prozesse führt zu wünschbaren Ergebnissen. Eine Gestaltung ist nicht nötig.
 Grundsatz: Respektiere die Selbstorganisation!
- Durch selbstorganisierende Prozesse entstehen unerwünschte, schädliche Muster, die man beeinflussen möchte.
 Grundsatz: Kanalisiere die Selbstorganisation!

Ordnung entsteht ‚selbstbestimmt' (autonom):
- Bei entsprechendem Handlungsspielraum können alle Organisationsmitglieder selbst an der sie betreffenden Ordnung mitwirken. Die entsprechende Ordnung wird dadurch den Bedürfnissen der Betroffenen besser angepasst und effizienter.
 Grundsatz: Kreiere die Selbstorganisation!" (Göbel 1998, S. 21).

Sembill versteht die Idee des Selbstorganisierten Lernens als einen komplexen Problemlösekomplex, den es auf der Höhe der Zeit lernrelevanter Erkenntnisse zu organisieren gilt. „Um innovative Wissens- und Handlungsstrukturen gemäß dieser Vorstellung zu ermöglichen, müssen in den Lehr-Lern-Prozessen Merkmale realisiert werden, die sich sowohl auf die Inhalte, die Lernenden, Lehrpersonen und die Lernumgebung als auch auf die Problemdefinition, Lösungsaktivitäten und die Kontrolle der Lehr-Lern-Arrangements beziehen" (Sembill 1996, S. 68).

Aebli geht in der Kernannahme seiner Handlungstheorie davon aus, dass sich das Denken, das Wissen und das Können eines jeden Menschen aus seiner Wahrnehmung und dem praktischen Handeln heraus entwickeln und sich dort auch zu bewähren haben. Denkprozesse und Wissen sind in das menschliche Handeln eingebunden, das bewusst und zielorientiert erfolgt und dabei kognitiv reguliert wird (vgl. Aebli 1980, S. 18 ff). Die zu entwickelnde Selbststeuerungskompetenz im Bereich des Lernens und der Lernprozesse muss demnach systematisch erlernt und gefördert werden, damit der Lernende in seinem persönlichen Planungsprozess eigenverantwortlich handeln kann.

Auch Rosendahl postuliert die Betrachtung selbstregulierten Lernens unter verschiedenen Reflexionsstufen, „um zu beschreiben und zu erklären, welche Handlungen Menschen zum Zweck des Lernens vornehmen" (Rosendahl 2010, S. 21).

Dabei wird anhand kognitionstheoretischer Ansätze menschlicher Informationsverarbeitungsprozesse der Ablauf kognitiver Leistungserbringung und Lernen erklärt. „Zu Beginn des Selbstgesteuerten Lernprozesses werden vom Lernenden Steueranweisungen zur Erreichung eines (von ihm) festgelegten Ziels bestimmt. Während sowie am Ende des Lernprozesses erfolgen Lernkontrollen, die u.U. zu einer Korrektur der eingesetzten Lernhandlungen führen. Insofern kann Regelung als Voraussetzung für Steuerung – und damit auch als notwendiger Bestandteil Selbstgesteuerten Lernens – verstanden werden, indem sie Informationen für neue Steuermaßnahmen in nachfolgenden Lernhandlungen liefern kann (vgl. Straka 2006, S. 399)" (Euler/Lang/Pätzold 2006, S. 12).

Diese Ausführungen über Selbstgesteuertes und Selbstorganisiertes Lernen belegen die Wichtigkeit selbstständigen Handelns innerhalb beruflicher Aus- und Weiterbildungskonzeptionen, zeigen mögliche gestaltungsorientierte Problemlösefähigkeiten für die Auseinandersetzung mit komplexen Arbeitsaufgaben auf und sind damit Anhaltspunkte für den Transfer strukturierten Wissens. Sie bilden, gemeinsam mit Aspekten der Aktionsforschung, die Grundlage für die Konzeption der in diesem Forschungsvorhaben zu entwickelnden adaptiven Lernstrategie in der beruflichen Aus- und Weiterbildung, als gezielte und wirkungsvolle Ausbildung in Elementen der Abstraktionsfähigkeit und der Komplexitätsreduktion.

Bisher können Arbeitnehmer in spezifischen Weiterbildungsseminaren Ihre Kenntnisse auffrischen und erweitern, um die Bewältigung ihres beruflichen Alltags zu meistern und einer Lösung ihrer Fragen ein Stück weit näher zu kommen. „Eine Alternative dazu ist die Aktionsforschung. Dabei werden keine Seminare oder Weiterbildungsveranstaltungen besucht, sondern die Situation wird direkt vor Ort in der beruflichen Praxis zunächst genauer betrachtet, dann systematisch erforscht und ausgewertet. Anschließend werden in der mitunter auch theoretischen Auseinandersetzung Lösungsansätze für die Ausgangsfragestellung entwickelt. Aktionsforschung ist überzeugt, dass die handelnden Personen grundsätzlich die besten Experten ihrer Praxis sind" (Grassl 2014, S. 75), verhilft damit zu einem besseren Verständnis über konkrete Situationen und Zusammenhänge, verbindet Kenntniserwerb mit Handlungsabläufen am Arbeitsplatz und trägt letztendlich zur Bewältigung auftretender Probleme bei. Als so genannte critical friends können Kollegen untereinander beim Veränderungsprozess behilflich sein, denn diese wirken sich auf das gesamte berufliche Umfeld aus und werden auch im Bereich der Organisationsentwicklung eingesetzt. „Insofern ist Aktionsforschung keineswegs nur auf die unmittelbaren Beteiligten beschränkt, sondern hat das Potenzial, berufliche Zusammenhänge umfassend zu verändern und das professionelle Wissen insgesamt zu erweitern. Daher ist diese Form der Weiterbildung eben nicht auf den Seminarraum begrenzt, sondern hat direkt in der Praxis ihren Platz" (Grassl 2014, S. 78).

Aktionsforschung tendiert zur Praxisveränderung und ist gekennzeichnet vom steten Entwurf einer alternativen Handlungsstrategie. In Anlehnung an Aspekte der Aktionsforschung muss der Arbeitnehmer auch bei der angewandten Umsetzung der Kreativitätsschiene selbst entscheiden, welche neuen Aufgabenstellungen in welcher Weise und zu welchem Zeitpunkt gelöst werden sollten und dafür sein mangelndes Wissen darüber identifizieren. Begleitende Motivation spielt hierbei ein große Rolle und gilt als eine weitere wichtige Voraussetzung für einen kontinuierlichen Lernprozess, da es ohne sie kein wirksames Lernen gibt. „Seine Biographie, seine Krisen und seine alltägliche Erfahrungen werden als die eigentliche Motivationsbasis für eine Teilnahme an der Erwachsenenbildung erkannt und als Ausgangspunkt von Lernprozessen anerkannt" (Arnold 2003, S. 39).

Viele Lernprozesse vollziehen sich informell anhand praktischen Handelns und sozialen Miteinanders, andere sollten unter pädagogischen Aspekten neu organisiert und gestaltet werden. Dafür sind neue Konzeptionen erforderlich. Neue Lerntheorien sehen das Lernen als einen aktiven Vorgang der individuellen Wissenskonstruktion an. Der Mensch lernt nicht dadurch, dass er etwas passiv aufnimmt, sondern indem er in der aktiven Auseinandersetzung mit einem Thema die gewonnenen Erkenntnisse verarbeitet und umsetzt. Diese kognitionspsychologische Verbindung zwischen individueller Informationsaufnahme und Informationsverarbeitung innerhalb der vielschichtigen gesellschaftlichen Struktur bezeichnet die Komplexität des Wissens.

Der Wandel von Arbeitsprozessen für die Weiterentwicklung beruflicher Bildung ist ein im Verbund der IT-Ausbildungsberufe zwar untersuchter Bereich (vgl. IT-Berufe – Internet 15) und die Wissensforschung beruflicher Bildung im

Bereich von Arbeitsprozesswissen im IT-Sektor auch fortgeschritten, dennoch ergeben sich aus den Erkenntnissen zum rasanten Wandel von Arbeitsprozessen und Arbeitsprozesswissen neue Aspekte für die Konzeption einer neuen adaptiven Lernstrategie selbstständigen Lernens.

Mit Weiterbildung durch permanentes Lernen anhand einer gezielt einsetzbaren Lernmethode kann dem Wandel in den Arbeitsprozessen begegnet und entsprochen werden. Als eine von mehreren wichtigen Voraussetzungen zur Bewältigung des technischen und organisatorischen Wandels, der Einführung und Umsetzung von Innovationen, wird das Lebenslange Lernen angesehen. Lebenslanges Lernen ist die permanente Aktualisierung der bisher erworbenen Kompetenzen – durch Weiterbildung.

Die Erkenntnisse der schnell wachsenden Anforderungen in der Arbeitswelt der Informationstechnologie durch die permanenten technologischen und strukturellen Veränderungen und die damit verbundenen Erfordernisse an die IT-Fachleute, sich kontinuierlich mit dem immer komplexer werdenden Wissen auseinandersetzen zu müssen, bilden die Arbeitsgrundlage dieses Forschungsvorhabens in Form der Entwicklung einer neuen, handlungs- und kompetenzorientierten Lernstrategie für die Ausbildungsberufe der schnell wachsenden Branche der Informationstechnologien. Diese, den Veränderungen angepasste Lernstrategie zur schnellen und gleichzeitig vertieften Wissensaneignung, bietet als ein neuer Weg des Lernens Chancen für junge Berufseinsteiger und für beruflich orientierte Quereinsteiger, aber auch für erfahrene und ältere Arbeitnehmer.

2.3 Fragestellungen – Die Entwicklung der Forschungsfragen

Innovationen erzeugen Fortentwicklung und diese Fortentwicklung bedingt ein sich ständig vergrößerndes und notwendiges Berufswissen. Hinter diesem sich vergrößernden Berufswissen samt den sich daraus ergebenden technologischen Problemstellungen verbergen sich unbekannte Wissensinhalte in Form von unbekanntem Fortschrittswissen. Es geht um den erforderlichen Wissensbedarf und den Wissenskomplex als so genanntes Neuland, die es zu erkennen gilt. Eine Intention dieser Forschungsarbeit ist das Aufzeigen der bestehenden Wissenszusammenhänge der Mitarbeiter im Unternehmen und das Ermitteln des unbekannten Wissens. Hierfür wird in einem ersten Schritt das Arbeitsprozesswissen anhand von Arbeitsprozessanalysen theoretisch und im Anschluss in der praktischen Umsetzung im Bereich der IT-Ausbildungsberufe beleuchtet.

Das Arbeiten in der IT-Branche ist stärker mit permanentem Lernen verbunden als in anderen Branchen und ist geprägt von den Erfordernissen der technologischen Veränderungszyklen. Weiterbildung findet deshalb immer öfter im

Arbeitsprozess selbst statt, informell und selbstgesteuert. Diese Verflechtung von Arbeits- und Lernwelt zeigt sich als moderne Weiterbildungsstruktur und stellt eine zukunftsweisende berufliche Weiterbildung dar. Sie geht einher mit selbstständigem, informellem Lernen neuer Wissensinhalte. Nach Dohmen wird der Begriff des informellen Lernens „auf alles Selbstlernen bezogen, das sich in unmittelbaren Lebens- und Erfahrungszusammenhängen außerhalb des formalen Bildungswesens entwickelt" (Dohmen 2011 – Internet 4, S. 25). Overwien plädiert für einen genaueren Blick auf Prozesse des informellen Lernens, um beliebige Interpretationen der Definition herauszunehmen (vgl. Overwien 2004). „Informelle Lernformen tragen dafür zu einer Erweiterung des Spektrums von Rahmenbedingungen und situativen Voraussetzungen des Lernens bei, ermöglichen (…) den Aufbau anwendungsorientierten Wissens (vgl. Dohmen 2001, S. 33). Und leisten damit einen zentralen Beitrag zum Aufbau von Handlungskompetenz in verschiedenen Lebensbereichen" (Schmidt-Hertha 2011, S. 237). Das informelle berufliche Lernen ist stark beeinflusst und geprägt vom jeweiligen Arbeitsplatz, von Unternehmensbranche und Unternehmensgröße. Auch ist die praktizierte Unternehmenskultur ausschlaggebend.

Da der Transfer des informell Gelernten auf situativ ähnlich gelagerte Problemstellungen einfacher gelingt und von dem direkten Einflussgebiet von Lern- und Anwendungssituationen profitiert, ist gerade die Nähe von Lern- und Anwendungssituationen der so genannte Schlüssel zum anwendbaren Wissenserwerb. Dies in diesen lernenden Anwendungssituationen erworbene Erfahrungswissen ist außerordentlich zielorientiert und transferierbar. „Informelles Lernen am Arbeitsplatz bleibt dennoch ökonomischen und arbeitsorganisatorischen Zwängen unterworfen, jedoch kann von einer Koinzidenz pädagogischer und ökonomischer Vernunft weder bei informellen noch bei formalen oder nonformalen Lernformen ohne Weiteres ausgegangen werden" (vgl. Dehnbostel 2005, S. 144 f./Schmidt-Hertha 2011, S. 237).

Die reflexive Aufarbeitung impliziten Wissens zu einer umfassenden Erweiterung der Handlungskompetenz erfolgt in formalen, in besonderem Maße auch in non-formalen Settings, wie es beispielsweise im dualen System der Berufsausbildung festgeschrieben ist. Studien von Kuwan, Graf-Cuiper und Tippelt (vgl. Kuwan/Graf-Cuiper/Tippelt 2004) bestätigen die bekanntdominante Bedeutung des informellen Lernens gerade beim Erwerb beruflicher Handlungskompetenz.

Eine konzentrierte Fokussierung auf das informelle Lernen im Rahmen beruflicher Bildungs- und Lernprozesse kann allerdings auch Gefahren bergen: „Vor allem unternehmerische Interessen können im informellen Lernen einen Weg sehen, die Arbeitskraft in allen Lebensbereichen einer Produktivitätssteigerung zu unterwerfen, die Kosten für Bildung zu reduzieren und auch die letzten Reste von Privatheit zu kolonialisieren" (Kirchhöfer 2003, S. 219).

Im Rahmen der Bildungsdiskussion der EU wurde festgelegt, dass das informelle Lernen, das im Alltag, am Arbeitsplatz, in modernen Arbeitsprozessen oder im privaten Bereich beiläufig stattfindet, in Bezug auf Lernziele und Lernzeit zwar nicht direkt strukturiert ist, aber zielgerichtet gestaltet sein sollte (vgl. Europäische Kommission 2001, S. 9).

Bezogen auf den Bereich der IT-Ausbildungsberufe stehen auf Grundlage der vorangegangenen Ausführungen folgende untersuchungsleitende Fragestellungen im Mittelpunkt des vorliegenden Forschungsinteresses:

Forschungsfrage 1
- *Wie erfolgt der Erwerb von neuem Wissen und Können der Fachkräfte und welche Strategien selbstständigen Lernens für wirkungsvolle Fort- und Weiterbildung werden eingesetzt?*

Der in der Lebens-, Erfahrungs- und Arbeitswelt erworbene Wissenszuwachs erfolgt meist durch informelle Lernprozesse, die im persönlich-privaten Gespräch oder im beruflichen Austausch mit erfahrenen Kollegen erfolgen, nicht aber in institutionalisierten Bildungseinrichtungen. Das informelle Lernen gewinnt immer mehr an Bedeutung und die inkludierte Interaktion, Kommunikation und Kooperation stellen wichtige Bausteine für moderne Arbeitsprozesse dar. Diese Hauptelemente verweisen eindeutig auf die Lerntheorie des Konstruktivismus. Lernen wird hierbei als ein individueller Prozess der Selbstorganisation von Wissen verstanden, der permanent wachsendes und komplexes Wissen ermöglicht. Die angeführten Arbeitsprozesse als Sachverhalt und Thema berufswissenschaftlicher Qualitätsforschung geben Einblick in das sich gegenseitig bedingende duale Bildungssystem, in berufliche Bildung und Beschäftigungssystem, die in ihrem Bildungsauftrag den Kompetenzaufbau von Lernenden, Schülern und Arbeitnehmern, verankert haben.

Wichtigste Kategorie für die Berufsausbildung als Befähigung zur Mitgestaltung der Arbeitswelt ist das Arbeitsprozesswissen, das im Kontext der arbeitsprozessbezogenen Didaktik der beruflichen Bildung als eine zentrale Wissenskategorie gilt und aus der reflektierten Erfahrungsbetrachtung praktischer Arbeit entsteht.

„Arbeitsprozesswissen wurde (…) konzeptualisiert als dasjenige Wissen, das in die beruflichen Handlungen der Facharbeiter inkorporiert ist, jedoch über den eigenen Arbeitsplatz hinausweist. Nicht jedwedes berufliches Handlungswissen ist Arbeitsprozesswissen, sondern solches, das die eigene Arbeit mit dem betrieblichen Gesamtarbeitsprozess vermittelt (…)" (Fischer/Witzel

2008, S. 27). Dementsprechend ist eine Unterteilung und Erklärung der verschiedenen Wissensformen erforderlich, zumal sich aus den Unterscheidungen verschiedene Bedingungen für den Wissenserwerb und dessen Anwendung ergeben. „Die bekannteste Differenzierung von Wissensformen im Zusammenhang mit Kompetenzerwerb ist die zwischen deklarativem und prozeduralem Wissen. Deklaratives Wissen ist Faktenwissen, über das die ‚Wissensinhaber' Auskunft geben können, wohingegen prozedurales Wissen ‚Know-how' darstellt, das unmittelbar im Handeln umgesetzt wird und über das Personen in der Regel nicht verbal berichten können" (Gruber 2011 – Internet 3). Zwischen problemlösenden Lernprozessen und Wissensstrukturen besteht ein direkter Zusammenhang. In einem Zusammenspiel von Wahrnehmung, Gedächtnis, Wissen und Erfahrung kann der Lernende von Beginn der Informationsverarbeitung an auf sein bereits vorhandenes Wissen zurückgreifen, neue Informationen integrieren und erweitertes Wissen aufbauen (vgl. Gruber 2011 – Internet 3/ vgl. Aebli 1980).

Ausgehend von der Erfahrung, dass Mitarbeiter vom Lehrplan abweichendes Können beherrschen und anderes, darüber hinaus gehendes Wissen sich informell angeeignet haben, ergeben sich Fragen nach vorhandenen Sach- und Selbstkompetenzen, die innerhalb der betrieblichen Arbeitsprozesse erlernt wurden und zum Wissenserwerb führten. Hieraus resultiert die zweite zu untersuchende Frage:

Forschungsfrage 2
– *Wie sehen nicht erschlossene Lernprozesse innerhalb betrieblicher Arbeitsprozesse aus und welche Rolle übernehmen sie bei der Wissensübertragung, der Förderung und Manifestation von Kompetenzen durch die Arbeit?*

Spöttl und Becker bezeichnen das Arbeitsprozesswissen als „die Determinante für kompetente Facharbeit, es ist direkt handlungsleitend und eng an den Kontext beruflicher Facharbeit gebunden. Die Berufsbildung ist auf die Erschließung dieses Wissens angewiesen, um didaktische Konzepte und Lehr-Lernsituationen entwickeln zu können, welche die Entwicklung der arbeitsprozessbezogenen Kompetenzen unterstützt" (Becker/Spöttl 2008, S. 110). Das Arbeitsprozesswissen umfasst nach einer Definition von Fischer diejenigen Kenntnisse und Fähigkeiten von Arbeitenden, die in einem vollständigen, die Komponenten der Planung, Durchführung und Bewertung berücksichtigenden Arbeitsprozess unmittelbare Verwendung finden und auch dort selbst erworben werden (vgl. Fischer 2000). Diese Form des Wissens wird also nicht nur aktiv und selbstständig erworben, sondern auch während der alltäglichen Bewältigung beruflicher Ausgabenstellungen benötigt und angewendet. Dabei umfasst das Arbeitsprozesswissen den gesamten formalen Arbeitsablauf, von der Vorbereitung und Planung, über die Durchführung bis hin zur endgültigen Problem- und Aufgabenlösung. Der Arbeitsprozess bildet den erforderlichen Zusammenhang des in Abhängigkeit zueinander stehenden Erfahrungswissens, Fachwissens und Arbeitsprozesswissens und ist dementsprechend Ausdruck aller betrieblicher Implikationen. Im Arbeitsprozess werden arbeitsorganisatorische und technologische Faktoren, wirtschaftliche und mitarbeiterfokussierte Anforderungen aufgenommen und mit einbezogen, die einen Arbeitsablauf mit aktuellem Sach- und Verfahrensstand ermöglichen. Durch die Auseinandersetzung mit Arbeitsprozessen werden Änderungen und Trends der Arbeitswelt sichtbar, die notwendig für die berufspädagogische Umsetzung des Bildungs- und Ausbildungswesens sind und letztendlich zur Gestaltung von Qualifikation, Kompetenzprofilen und zukunftsweisenden Lernstrategien beitragen. Ausgehend von dem sich notwendig zu vergrößernden Berufswissen mit zu Beginn noch unbekannten Wissensinhalten, gilt es, diese unbekannten Wissenskomplexe selbstständig zu erkennen und aufzulisten, Informationen darüber zu erwerben und gezielt zu verarbeiten.

Hacker postuliert, dass nicht alle Informationen Wissen darstellen, nicht alles Wissen handlungswirksames Wissen ist und nicht alles Handlungswissen begrifflich ist, sondern „schweigendes Wissen" genannt wird (vgl. Hacker 2005). Die Beziehungsstellungen der verschiedenen Wissensbegriffe werden in folgender Grafik veranschaulicht:

Abbildung 02: Information, Wissen, Handlungswissen

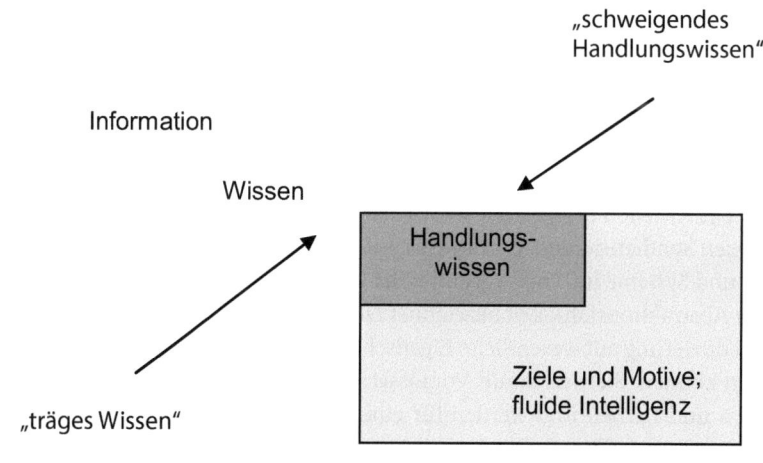

Quelle: Hacker 2005, S. 18

In einem technologisch und informationstechnologisch orientierten Beruf ist üblicherweise von zwei Wissensfeldern auszugehen. Zum einen gibt es das Faktenwissen in Form von physikalisch-technischen Grundlagen und zum anderen das Wissen um technologische, also mechanische und informatorische Vorgänge und Systeme, ihre ökonomische, ökologische und humane Wirkungen.

Während in der schulischen Ausbildung unumstößliche Grundlagen und Grundzusammenhänge gelehrt und gelernt werden, ist die betriebliche Ausbildung im Unternehmen geprägt durch ein permanentes Anpassungswissen zur Berufsqualifikation. Das Anpassungswissen selbst ist gekennzeichnet durch das Einüben notwendigen Berufswissens in den fachinhaltlichen, technologischen Bereichen und auf dem Gebiet wirtschaftlicher Erfordernisse sowie gesellschaftlicher Relevanzen. Im Laufe eines Berufslebens ist der Wissenszuwachs beim Faktenwissen nicht besonders hoch, so dass hier Fortbildungsmaßnahmen kleiner Schritte in größeren Zeitabständen durchaus vertretbar sind.

Anders stellt sich dies dar beim Wissen um technologische Vorgänge und Systeme. Hier liegen die großen Innovationen und das berufliche Wissen steigt exponential. Technologische Unwissenheiten und Probleme stellen dann ein unbekanntes Arbeitsprozess- und Fortschrittswissen dar. Soll in diesem Bereich der Wissenszuwachs über berufliche Fortbildungen aufgefangen werden, dann ist das ein enormes Kosten- und Zeitproblem.

Es gibt jedoch eine Möglichkeit, die Wachstums-Phänomene beim Wissen um technologische Vorgänge und Systeme durch die einzelne Person abzufangen, ohne dass diese ständig in zeit- und kostenintensiven Fortbildungen mit hoher Informationsdichte weilt. Dies ist möglich durch eine so genannte, eigenbenannte Kreativitätsschiene, die im Berufsleben eine permanente Innovationsanpassung vornimmt. Diese Lernstrategie nimmt ein sinnhaftes Prioritätensetting vor und entspricht einer autodidaktischen Fortbildung, um stets auf dem Wissensstand des technischen Fortschritts und seines Trends zu sein. Mit dieser Methode wird komplexes Wissen aufgebrochen, abstrahiert und reduziert, um komplexes Wissen verständlich zu machen. Es handelt sich dabei um eine Abstraktionsfähigkeit, wobei das Arbeiten mit Kriterien zur Analyse eines komplexen Phänomens und zu dessen synthetisierenden Transfers auf das Wissen um technologische Vorgänge und Systeme im Vordergrund steht.

Die Abstraktionsfähigkeit bezeichnet Denkprozesse, bei denen eine Informationsreduzierung auf wesentliche Eigenschaften erfolgt, so dass diese verarbeitet werden können. Sie sind damit Voraussetzung für die Bildung von Regeln zum Denken und Lernen und werden für eine qualitative und quantitative Anpassung des Lernstoffes gemäß den eingehenden Innovationen angewandt (vgl. Aschersleben 1993). Die Komplexitätsreduktion ist dabei anzusehen als eine

Filterung und Vorverarbeitung von Daten und Informationen, die eine komplexe Wirklichkeit resp. komplexe Sachverhalte didaktisch soweit reduziert, vereinfacht und auf die wesentlichen Elemente zurückführt, bis diese für Lernende überschaubar und begreifbar wird (vgl. Grüner 1967).

Um eine qualitative Effektivierung beim Lernen und in der Weiterbildung im Sinne der vorteilhaften, gleichzeitigen Vermittlung von fachlicher Bildung und beruflichem Können in der aktuellen beruflichen Fort- und Weiterbildung technologisch- und informationstechnologisch-orientierter Berufe zu erlangen, ist es ein Ziel, das Lernen nicht standardmäßig an Unternehmen anzudocken, sondern vielmehr ein hochadaptives Lernkonzept zu entwickeln, dessen Lösungsperspektive zur dritten Forschungsfrage führt:

Forschungsfrage 3
- *Wie gestaltet sich die Entwicklung eines Lernkonzeptes zur Ermöglichung fachlicher Bildung und beruflichem Können nach dem Prinzip der Gleichzeitigkeit?*

Innovation erzeugt Fortentwicklung ❶. Diese Fortentwicklung bedingt ein sich ständig vergrößerndes und notwendiges Berufswissen, das notwendig ist für die berufliche Tätigkeit und Beschäftigung.

Viele aus den Arbeitsprozessanalysen gewonnenen Erkenntnisse sind stark geprägt von Notwendigkeiten zur Motivation und zur Absicherung des Arbeitsplatzes im harten Konkurrenzkampf der IT-Branche. Und dennoch ist die Neugierde seitens der Arbeitnehmer auf ein berufliches Vorankommen in diesem Sektor groß. Das beinhaltet den Wunsch auf eine bessere Vorbereitung auf die eigentlichen Arbeitsaufgaben im gewählten IT-Beruf, die Erlangung von mehr Kompetenz beim Erkennen und Erfassen von Innovationen in der IT-Branche, um schneller und eigenständig darauf reagieren zu können und nicht länger angewiesen sein zu müssen auf das Wissen anderer, auf das Erfahrungswissen der Kollegen ❷.

Abbildung 03: Fachliche Bildung und berufliches Können bei gleichzeitigem Lehr-Lernprozess

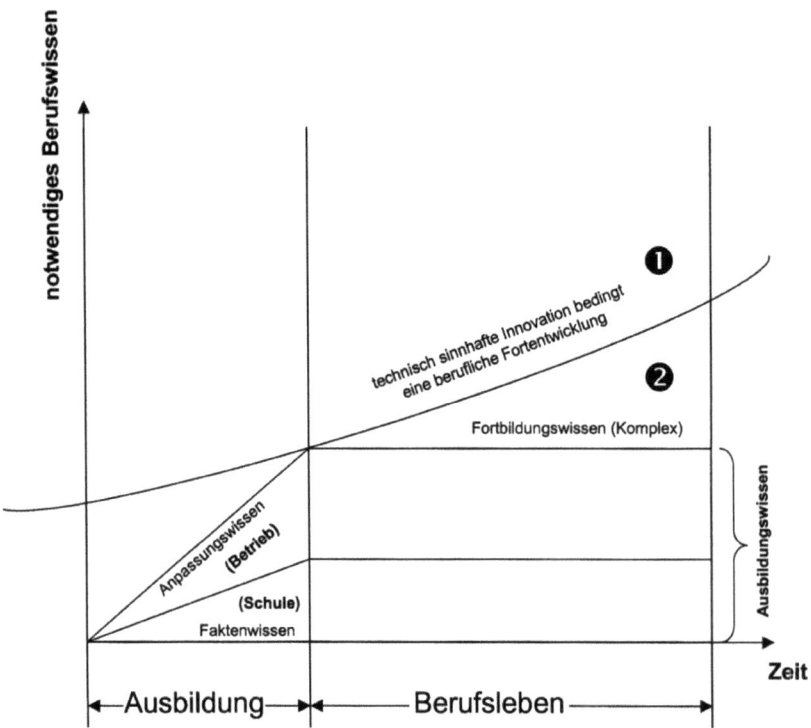

Quelle: Eigene Darstellung nach Vorgaben der Rahmenlehrpläne/Lernfelder der IT-Ausbildungsberufe, 2011

Die Herausarbeitung und Darstellung des bisher unbekannten Arbeitsprozesswissens dient als Grundlage für die Entwicklung eines neuen Lernkonzepts im Kontext selbstständigen Lernens. Auf diesen selbstständigen Lernprozess aufbauend und weiterführend konzipiert, setzt die neue handlungs- und kompetenzorientierte Lernstrategie zum selbstständigen Lernen an dem Punkt an, wo das durch den Wandel von Arbeitsprozessen entstandene, unbekannte Wissen aufgedeckt und durch den Einsatz der Komplexitätsreduktion für jedermann erlernbar wird. Mit dieser Lernmethode wird komplexes, unbekanntes Wissen autodidaktisch in effizienter Anwendung aufgebrochen, abstrahiert und reduziert, um es verständlich zu machen. Innovationen und Tendenzen im Arbeitsablauf werden damit schneller erkannt und Kompetenzen für einen effektiven Lernprozess entwickelt.

„Das Thema Qualifikation sollte auch in den Unternehmen einen hohen Stellenwert besitzen. Nur eine qualifizierte Belegschaft kann Strukturwandel und Innovation voranbringen und durchsetzen. Dabei ist heute nicht so sehr Faktenwissen, sondern das Denken in Zusammenhängen und das Beherrschen von Methoden wichtig, da sich die Anforderungen und die Berufsbilder rasch wandeln" (Warnecke 2003, S. 8).

Wichtig und Voraussetzung für einen kontinuierlichen und motivierten Lernprozess sind innovative Lernstrategien zur Bewältigung von Stofffülle und steigendem Überfluss an Informationen. In ihrem Aufsatz „Berufsbildungsforschung als Innovationsprozess" stellt Laur-Ernst fest, dass sich berufsbildungsrelevante Innovationen auf das Bildungssystem, auf seine durchführenden Institutionen sowie auf den konkreten Lehr-Lernprozess beziehen (vgl. Laur-Ernst 2006, S. 82 f.).

Von Interesse ist deshalb die Entwicklung einer hochadaptiven Lernstrategie, um diese Anforderungen in eine neue Form eines neuen Lernprozesses umzusetzen. Ein dauerhaftes Trainieren einer handlungs- und kompetenzorientierten Lernstrategie muss dabei im Vordergrund stehen, beispielsweise durch den effizienten Einsatz der Komplexitätsreduktion. Eine qualitative Effektivierung im Sinne von zeit- und kosteneinsparenden Faktoren in der beruflichen Fort- und Weiterbildung informationstechnischer Berufe durch eine gezielte Ausbildung mit Elementen der Abstraktionsfähigkeit und der Komplexreduktion stellt die zu lösende Aufgabe dar. Diese Konzeption kann aber nur im Kontext der Frage nach Arbeitsprozessen als Voraussetzung und Übertragung fachlicher Bildung, also der Frage nach der Förderung und Manifestation von Kompetenzen durch die Arbeit geleistet werden.

Das bedingt eine auf das Arbeitsprozesswissen ausgerichtete, vorgeschaltete Untersuchung der Arbeitsprozesse hinsichtlich des angestrebten Arbeitszieles, des Arbeitsgegenstands und des Arbeitsverfahrens in High-Tech-Techniken des informationstechnologischen Sektors.

Die so genannte Kreativitätsschiene ist ein eigenbenanntes Instrumentarium, um die selbst erkannten beruflichen Defizite selbstständig auszugleichen und die eigene Berufsqualifikation ständig aktuell anzupassen. Das damit einhergehende und stetige Einholen der Informationen von neuen beruflichen Fragestellungen und Wissenskomplexen basiert auf einer Holschuld des Arbeitnehmers. „Die ‚Holschuld' der Mitarbeiter ist – wie wir ja schon im Zusammenhang mit den motivationalen und Entscheidungsaspekten der Weiterbildungsveranlassung gesehen hatten – in diesem Lichte Ausdruck umfassender Weiterbildungsbedarfe" (von Bordeleben 1996, S. 126–127).

Während die in dieser Dissertation zu entwickelnde Lernstrategie in der Ausbildungsphase als Konzept vorgestellt und in ihrer Anwendung geübt wird, findet sie im Berufsalltag und im Prozess der Fort- und Weiterbildung ihre autodidaktische Anwendung. Sie transportiert und transformiert Fortbildungswissen zum Faktenwissen der Ausbildung hinzu und erreicht damit eine Erweiterung zur Berufsqualifikation. Zum jetzigen Stand der Forschungsarbeit noch neuartig und hypothetisch, soll das Lösungsprinzip dieser Lernstrategie aus den zwei Bereichen Struktur als Abfolge der einzelnen Schritte und didaktischer Inhalt der einzelnen Schritte entwickelt werden.

Der wissenschaftliche Kern des Forschungsvorhabens ist nach dem Untersuchen autodidaktischen Lernens informationstechnischer Berufe durch eine gezielte Kompetenzentwicklung mit Elementen der Abstraktionsfähigkeit und der Komplexitätsreduktion in einem zweiten Schritt das Herausarbeiten einer hochadaptiven Lernstrategie in seinen Kriterien, Wirkungen und Anwendungen – bezogen auf verschiedene Berufsbilder, eingegrenzt auf die IT-Berufe.

3 Strategien in der beruflichen Aus- und Weiterbildung

Hauptelemente des Selbstlernens verweisen auf Strömungen und Paradigmen verschiedener Strategien und Lerntheorien zur beruflich wirkungsvollen Fort- und Weiterbildung.

Die Anforderungen an Lernende und Lehrende in Aus- und Weiterbildungssystemen wachsen, besonders in einer informationstechnologisch durchstrukturierten Gesellschaft wie der unsrigen. Entsprechend der Lernform, der Lernmethode und der Lernsituation muss sich der Lernende mal weniger und mal mehr und immer öfter mehr aktiv, selbstgesteuert und selbstorganisiert am Lernprozess beteiligen.

Der richtige Umgang mit neuen Medien, mit mobilen Kommunikationsgeräten im Bereich des IT-Sektors erfordert ein permanentes und deshalb Selbstgesteuertes Lernen. Durch den beruflichen Einsatz in übergreifenden Sparten findet automatisch eine Entgrenzung des Lernens statt. Erfolgreiches Lernen gelingt nur dann, wenn der Lernende an persönliche Bedürfnisse angepasstes Lernformat, Lernrhythmus und Lernumgebung selbst steuern und organisieren kann.

Die Konturen verschiedener Strategien und Lerntheorien zur beruflich wirkungsvollen Fort- und Weiterbildung werden im vorliegenden Kapitel skizziert und im informationstechnologischen Kontext nachvollzogen.

3.1 Lernen

Im Vorfeld der Darstellung der wichtigsten Lernstrategien zur beruflichen Fort- und Weiterbildung wird der Bestimmung des Lernens nachgegangen und die Bedeutung des Begriffs aufgezeigt. Da die Terminologie des Lernens keine allgemeingültige Definition aufweist, folgt die Begriffsbestimmung aktuellen Auslegungen und Ausführungen. Während Siebert das Lernen als „Erweiterung des Wissens, der Fähigkeiten und Fertigkeiten zur Bewältigung von Lebenssituationen" (Siebert 2010, S. 191) beschreibt, erklären Jank & Meyer das Lernen als „die Veränderung der Reflexions- und Handlungskompetenz durch die selbst organisierte Verarbeitung äußerer Anregungen und innerer Impulse" (Jank/Meyer 1991, S. 48). Sie heben hervor, dass Menschen selbsttätig, mit und ohne Lehrer lernen können. Arnold und Schüßler deklarieren Lernen in unserem Kulturkreis bisher als mehr oder weniger organisierte Form, aber „absichtsvolle Form der Aneignung von Wissen, Fähigkeiten und Fertigkeiten" (Arnold/Schüßler 1998,

S. 76). Zum Leidwesen der Lerner fehle hierbei die Lebendigkeit von Aneignungsprozessen und die neugierige Wahrnehmung des Neuen. Einige Aufgabenstellungen und Lösungsfindungen würden nicht angesprochen und trainiert, das Aufgreifen spezieller Fragen einzelner Lerner sei nicht möglich. Deshalb werde nicht nur von den Ministerien lebendige und handlungsorientierte Lernverfahren für ein fächerübergreifendes und integrierendes Lernen gefordert (vgl. Arnold/Schüßler 1998).

„Eigenständige Entscheidungen für die Gestaltung von Lernsituationen zu treffen und damit Verantwortung für den eigenen Lernprozess zu übernehmen, regt den Lerner verstärkt zu einer aktiven Auseinandersetzung mit dem Lernstoff an. Diese aktive Haltung ist erforderlich, da Lernen nur dann stattfindet, wenn „selektive Aufmerksamkeit eine Zunahme der Aktivierung genau derjenigen Gehirnareale ermöglicht, welche die jeweils aufmerksame und damit bevorzugt behandelte Information verarbeitet" (Spitzer 2002, S. 155).

Für ein anzustrebendes nachhaltiges Lernen sind der Selbstbestimmungs- und Selbsttätigkeitsaspekt von Wichtigkeit, die beispielsweise das Nachahmen, das Erfinden und das Entdecken bedeuten können. Reich fügt dieser Aufzählung das selbstbestimmte Konstruieren hinzu und lässt damit den Lernenden aus konstruktivistischer Sichtweise in seiner Eigenaktivität zu, lässt ihn seine eigenen Lösungswege suchen und seinen individuellen Selbstwert ausloten (vgl. Reich 2008). Auch Kempkes konstatiert seine Position: „Nachhaltiges Lernen muss selbstgesteuert ablaufen und in situative Kontexte eingebunden sein, weil die Lernenden nur so lernen können, in dem sie das Wissen ihrem Lebenskontext anpassen. Dem Lernenden muss also mehr Eigenverantwortung übertragen werden" (Kempkes 2003, S. 172).

Diese aktuellen Sichtweisen und Begriffsbestimmungen zusammenfassend, erfolgt erfolgreiches und nachhaltiges Lernen im Rahmen von Entfaltungsfreiräumen immer in selbstorganisierten, selbstgesteuerten und lebenslangen Lernprozessen.

3.2 Selbstorganisiertes Lernen

Die ursprünglichen Ideen des Selbstorganisierten und Selbstgesteuerten Lernens haben ihre Wurzeln bereits in den klassischen humanistischen Bildungsidealen wie sie beispielsweise bei Wilhelm von Humboldt formuliert und praktiziert wurden.

Deitering schildert, dass Diesterweg schon im Jahre 1873 zur Förderung von Selbstbestimmung die Selbständigkeit als Mittel und Produkt der Bildung gefordert hat. Auch so bekannte Pädagogen wie Montessori und Gaudig haben in den 20er und 30er Jahren des letzten Jahrhunderts Reformmodelle ins Leben gerufen. Ebenso beeinflussten die humanistische Psychologie und auch die alternative Pädagogik mit ihren Anregungen das Selbstorganisierte Lernen zu der damaligen Zeit. Neuere Konzepte sind dann als Reaktion auf die bildungspolitische Diskussionen Ende der 60er Jahre entwickelt und in schulische Projekte aufgenommen worden. Die Industrie zog in den 70er und 80er Jahren nach (vgl. Deitering 1993).

Heutzutage wollen Unterrichtsteilnehmer möglichst praxisnah durch Handeln lernen, wollen aktiv mitgestalten, was sie auch persönlich weiterbringt.

Im allgemeinen Verständnis ist das Selbstorganisierte Lernen eigentlich keine besondere Form des Lernens, denn Lernen ist grundsätzlich selbstorganisiert.

Das rührt aus der Tatsache, dass jeder Lernende seine eigenen Vorerfahrungen mitbringt und den Lernstoff für sich selbst ordnet und strukturiert.

Im Rahmen des Selbstorganisierten Lernens gibt es immerhin verschiedene Lernformen, die sich aufgrund des Spielraums unterscheiden, den der Lernende bei der Auswahl, der Planung und Strukturierung der Lernaufgaben und Lerntechniken hat. So reichen die Entscheidungsspielräume von der Auswahl der Lernaufgaben, den Schritten und Regeln der Aufgabenbearbeitung über die Lernmittel und Lernmethoden, der Zeitbestimmung und Organisation der Bearbeitung bis hin zur Form des Feedbacks und der Expertenhilfe und auch der sozialen Unterstützung beim kooperativen Lernen in der Gruppe. Ebenso wie die Ideen sind auch die konkreten Lern- und Arbeitstechniken zum Selbstorganisierten Lernen nicht neu.

Zum einen gibt es den seit Jahrzehnten praktizierten Frontalunterricht, bei dem die Lernenden nur durch ihre Fragen und ihre ausgesprochene Kritik den Unterrichtsablauf unterbrechen und somit Einfluss nehmen können.

Dagegen wird beim schulischen Projektunterricht den Lernenden lediglich Themenauswahl bzw. Aufgaben vorgegeben. Ähnlich wird bei der so genannten Leittextmethode verfahren, die vornehmlich in abgewandelter Form bei der Azubiausbildung durch deutsche Unternehmen angewendet wird. Die stark verbreitete Leittextmethode ist ein beliebter Weg zum selbstständigen Lernen und zeichnet sich durch einen hohen Anteil an Selbstorganisation des Lernenden aus. Zentrale Bedeutung für das Selbstorganisierte Lernen anhand der Leittexte bzw. Leitfragen haben so genannte heuristische Regeln. Richtig und selbstständig angewendet, lassen sie ein hohes Maß an Selbststeuerung entstehen, verbessern die Planungsmöglichkeit von Arbeitsaufgaben und stärken die Möglichkeiten der Innovationsaneignung.

Auch gibt es die Lernform der freien Seminare, in denen Lernenden die Entscheidung überlassen wird, was und wie sie lernen wollen. Entsprechend werden in Industrieunternehmen Mitarbeiter oft in Arbeitsgruppenbesprechungen zusammengefasst. (vgl. Deitering 1993).

Da das Thema des Selbstorganisierten Lernens aktuell bleibt, bedeutet dies eine große Zustimmung der Kernaussagen von Seiten der Lernenden als auch der Schulwissenschaft. Ebenfalls sehen viele Bildungsexperten der freien Wirtschaft ihre Zukunft auch in diesen ganzheitlichen und eher projektorientierten Lernformen.

Jedoch gibt es hier wie auch in der Schulpraxis Vorbehalte und Grenzen, gerade bezüglich Praktikabilität, Angst um schwindende Autorität des Lehrers, mangelnde Selbstreflexion und die Verschlossenheit gegenüber verschiedenen Techniken und Methoden oder auch einem Mix aus herkömmlichen Methoden. Die spezifische Lehrerrolle ändert sich grundlegend: Lehrende werden Lernberater und ihre Hauptaufgabe besteht nun in der individuellen Beratung und Förderung der Lernenden. Und da auch für die Lehrenden gilt, dass alles Neue Angst macht, zögern doch viele Lehrende, diese aktive Konzeption einfach mal auszuprobieren.

Lassen sich diese Barrieren überwinden, werden sich langfristig wesentliche Vorteile für Unternehmer und Arbeitnehmer einstellen, besonders dann, wenn kooperative Selfmanagementtechniken zum Einsatz kommen und die Mitarbeiter dadurch aktiv und selbstorganisiert und deshalb leistungsorientiert arbeiten. Auf Unternehmerseite zeigen sich die Vorteile im Abbau verfestigter Strukturen, in einer höheren Flexibilisierung, in einer geringeren Abwesenheit, in der Verringerung der Stillstandzeit, in einer besseren Produkt- und Arbeitsqualität und letztendlich in der Steigerung der Produktivität.

Die Vorteile auf Arbeitnehmerseite liegen dementsprechend im Abbau von monotoner Tätigkeit, die Gesundheitsbelastung wird deutlich geringer, die Qualifizierungschancen steigen ebenso wie die Arbeitszufriedenheit der Mitarbeiter, die Sicherung des Arbeitsplatzes wird gewährleistet und der Arbeitnehmer erhält ein höheres Einkommen (vgl. Greif 1993).

Aus seiner persönlichen Erfahrung heraus sieht und erläutert Greif aber auch Grenzen der Selbstbestimmung. „Beim radikal selbstbestimmten Lernen wäre zu fordern, dass das Individuum in allen genannten Bereichen maximale Entscheidungsfreiheiten hat. Faktisch wird das Individuum aber immer mit konkreten Begrenzungen seiner Selbstbestimmung konfrontiert, sei es, dass die von ihm gewünschten Lernprogramme nicht existieren oder nicht greifbar sind, dass die bevorzugten Lehrerinnen und Lehrer oder Lernberaterinnen und Lernberater nicht zur Verfügung stehen oder dass auch nur die Zeiten und Orte nicht wunschgemäß sind. Sehr oft ist die grundlegende Selbstbestimmung über die Lernaufgaben schon dadurch entscheidend eingeschränkt, dass der Lernende durch berufliche oder andere Anforderungen und Erwartungen seiner Umgebung „lernen soll", bestimmte Aufgaben zu bewältigen oder anschließend seine Kompetenzen in Prüfungen nachweisen muss. Beim Lernen in Gruppen gibt es bei unterschiedlichen Interessen und Vorkenntnissen zwangsläufige Einschränkungen durch die Notwendigkeit, mit den anderen Gruppenmitgliedern Kompromisse zu schließen" (Greif 1998, S. 27).

Nach Dehnbostel unterscheiden sich selbstgesteuerte und selbstorganisierte Lernprozesse dahingehend, dass im Gegensatz zum Selbstgesteuerten Lernen die Rahmenbedingungen beim Selbstorganisierten Lernen nicht vorgegeben werden. Der Lernende kann im Rahmen seiner Möglichkeiten und im Rahmen seines Lernbedarfs die Rahmenbedingungen frei stecken. „Im Hinblick auf den Rahmen und die Umgebung handelt es sich beim selbstgesteuerten Lernen nicht um ein autonomes Lernen, sondern um die zielgerichtete Auswahl und Bestimmung von Lernmöglichkeiten und Lernwegen" (Dehnbostel 2007, S. 27).

Die Konzeptionen des Selbstorganisierten Lernens und auch des Selbstgesteuerten Lernens hängen stark zusammen und beziehen sich beide auf eine idealerweise selbstbestimmte und möglichst freie Entwicklung. Lernen setzt vom Lernenden die Entscheidung, lernen zu wollen, voraus. Diese Entscheidung muss jeder selbst treffen. Der Lehrer kann lediglich durch Förderung oder interessante Einstiege in ein Thema Anreize und Motivation zum Lernen und Lebenslangem Lernen schaffen. „Seine Biographie, seine Krisen und seine alltägliche Erfahrungen werden als die eigentliche Motivationsbasis für eine Teilnahme an der Erwachsenenbildung erkannt und als Ausgangspunkt von Lernprozessen anerkannt" (Arnold 2003, Seite 39).

3.3 Selbstgesteuertes Lernen

Die Entwicklung von Kompetenzen zur Bewältigung und Organisation der eigenen Arbeit ist wichtig und notwendig. Man spricht auch von Selbstorganisationskompetenzen oder Selfmanagement. Dies erfordert die Aneignung neuer Lernqualitäten und eine entsprechende Methodik des betrieblichen Lernens. Mittelpunkt sind dabei immer selbstgesteuerte Lernprozesse.

Nach den Ausführungen von Neber ist das Selbstgesteuerte Lernen bzw. die selbstgesteuerten Lernprozesse eine Idealvorstellung, die verstärkt Selbstbestimmung hinsichtlich der Lernziele, der Zeit des Ortes, der Lerninhalte, der Lernmethoden und Lernpartner sowie vermehrter Selbstbewertung des Lernerfolgs beinhaltet (vgl. Neber, 1978).

Dabei werden alle Parameter der notwendigen Lernaktivitäten vom Lernenden selbst bestimmt und geregelt. Weiter geht Neber von folgenden vier

Komponenten des Selbstgesteuerten Lernens aus: Lernziele, Strategien der Informationsverarbeitung, zielorientierte Kontrollprozesse und Manipulierbarkeitsgrad der Lernumwelt. In welcher Weise und individueller Ausprägung Komponenten vom Lernenden beeinflusst werden, erstreckt sich das Ausmaß zum möglichen Selbstgesteuerten Lernen. Je höher die Lernmotivation und auch die individuelle Steuerungsfähigkeiten sind, desto eher wird der notwendige Selbststeuerungsgrad erreicht (vgl. Neber 1978).

Wichtig beim Umsetzen des Selbstgesteuerten Lernens sind folgende Ziele und Werte, die im Ansatz vorhanden sein und speziell gefördert werden müssen: Ein mündiger Mensch mit Selbstbewusstsein und Selbstverantwortung, Autonomie im Lernen, Förderung der Lernkompetenz, die Vorbereitung auf ein Lebenslanges Lernen, Förderung der sozialen Kompetenz, Problemlösefähigkeit.

Grundlegend erfordert effektives Selbstgesteuertes Lernen eine so genannte offene Lernumwelt, die die Aspekte Lernorganisation, materielle Lernumwelt und personale Lernumwelt beinhaltet. Selbstgesteuertes Lernen ist immer zugleich auch als Selbstorganisiertes Lernen anzusehen, wobei die beiden Termini nicht ganz gleichbedeutend zu behandeln sind. Während das Selbstorganisierte Lernen stets auf die aktive und eigenständige Strukturierung des Lernens abzielt, wird das Selbstgesteuerte Lernen nur dann als solches bezeichnet, wenn vom Lernenden die Aufgaben, Methoden und auch die Zeiteinteilung mitentschieden werden kann. Selbstgesteuertes Lernen ist selbstorganisiert (vgl. Euler/Lang/Pätzold 2006).

Psychologisch gesehen bedeutet Selbstgesteuertes Lernen ein ganzheitliches Lernen, da sowohl kognitive, emotionale, motivationale als auch soziale und kommunikative Prozesse beim Lernprozess integriert werden. Dabei ist die Steigung der Lernmotivation ein großes Ziel, das zum einen durch die Berücksichtigung der Lerninteressen und Lernfähigkeiten und zum anderen durch die Übertragung von Verantwortung und Steuerung des Lernprozesses an Einzelne herausgearbeitet wird.

Selbstgesteuertes Lernen schafft Selbstvertrauen! Das Selbstvertrauen und das Selbstwertgefühl der Lernenden wird gestärkt durch die Beratung, die jeder Einzelne erfährt, durch die gemeinsame Erörterung des Lernzieles und die anschließende Rückmeldung über den erbrachten Lernerfolg (vgl. ebd.).

Selbstgesteuertes Lernen geht stets mit Selbstbestimmung und Selbstverantwortung zusammen und wird offiziell verstanden als ein „konstruktives Verarbeiten von Informationen, Eindrücken und Erfahrungen, über dessen Ziele, inhaltliche Schwerpunkte, Wege und äußere Umstände die Lernenden im Wesentlichen selbst entscheiden und bei dem sie die von anderen entwickelten Lernmöglichkeiten und fremdorganisierten Lernveranstaltungen jeweils nach den eigenen Bedürfnissen und Voraussetzungen gezielt ansteuern und nutzen" (Kultusministerkonferenz 2000 – Internet 45, S. 2).

Im einzugrenzenden Bereich der Berufsbildung findet eine Auseinandersetzung einer handlungsorientierten Prozessausrichtung des Selbstgesteuerten Lernens statt. Während der Ausbildung wird nach Schelten ein „selbstbestimmtes, selbstverantwortetes, sinnvolles und anwendungsorientiertes Lernen" (Schelten 2010, S. 187) erwartet. Er unterstützt damit die Handlungsorientierung als ein Baustein des selbstständigen und situierten Lernens. Auch betont Schelten dabei die Wichtigkeit, das erworbene Wissen zu abstrahieren und auf neue Kontexte anzuwenden. Beim Selbstgesteuerten Lernen sind die Lernenden in den Lernprozess integriert, sind einbezogen in Planung, Gestaltung und Umsetzung, legen eigene Lerninhalte fest, setzen sich ihre eigene Ziele und bestimmen sogar die Lernorte. Selbstgesteuertes Lernen hängt von den hauptsächlichen Faktoren „Motivation" und „Selbstlernkompetenzen" ab, zu denen auch Lernstrategien gehören. Auf eine Metaebene über die vorhandenen kognitiven Lernstrategien der Wiederholung, der Organisation und der Elaboration (vgl. Frackmann & Tärre 2009), wird die in diesem Forschungsvorhaben neu entwickelte, innovative und hochadaptive Lernstrategie für ein autodidaktisches Lernen platziert.

3.4 Lebenslanges Lernen

Von der Weiterbildung zum Lebenslangen Lernen – wo wird die Grenze gezogen und wie gestaltet sich der Übergang? „Vor allem in den dienstleistungsorientierten und technologisch hochkomplexen Wirtschaftssektoren herrscht ein Wissensverschleiß, dem am ehesten durch die Stärkung eines arbeitsintegrierten Lernens entsprochen werden kann" (Brödel 2004, S. 14).

Um mit Arbeitskollegen auch im Rahmen des Innovationsprozesses mithalten zu können, müssen nicht nur die älteren Arbeitnehmer mit der Abschreibung ihres Berufswissen umgehen lernen, sondern im Rahmen des Lebenslangen Lernens „Verantwortung für sich selbst übernehmen und das eigene Lernen selbst steuern: von der Entscheidung über Zeitpunkt, Ziel und Form des Lernens bis hin zur Gestaltung des Lernprozesses selbst. Damit die einzelne Person diese Verantwortung auch übernehmen kann, sind (…) Rahmenbedingungen und didaktische Settings so zu gestalten (…), dass dies auch gelingen kann" (Grassl/Mörth 2013, S. 17). Ein zu nutzender Ansatzpunkt ist das Erfahrungswissen gerade der älteren Generation. „Erfahrung spielt auch bei der Aneignung von Wissensdokumenten eine Rolle. Denn um Wissen fruchtbar zu machen, muss man es in der Tiefe verstehen. Wir sprechen hier von Absorptionsfähigkeit" (Grupp 2008, S. 17).

Unter dem Motto des Lebenslangen Lernens verändert sich unsere Lebens- und Arbeitswelt. „Ein weiteres ‚essentielles Element' einer an LLL ausgerichteten Struktur ist die Bildungs-, Berufs- und Karriereberatung, die unter dem Stickwort der Lifelong Guidance zusammengefasst werden kann. Allgemein ist hierunter die Implementierung von Stützstrukturen zu verstehen, die Lernende in die Lage versetzt, selbstbestimmt und selbstverantwortlich zu agieren, d.h. persönliche Entwicklungsziele festzulegen, Wege zu ihrer Erreichung zu identifizieren, Alternativen abzuwägen und autonome Entscheidungen zu treffen" (Grassl/Mörth 2013, S. 19).

Der Begriff des Lebenslangen Lernens ist schon seit längerer Zeit, seit diesen die OECD Anfang der 1970er Jahre prägte, im Fokus der berufspädagogischen Wissenschaft und viel länger schon Gegenstand pädagogischer Überlegungen und Umsetzungen. Das geht sogar auf Platon zurück und zu jener Zeit, als es erste Zeugnisse pädagogischer Reaktionen auf den sozialen Wandel gab. Lipsmeier setzt das Lebenslange Lernen in den dualen Bezug von Berufs- und Erwachsenenpädagogik und blickt in seinen Ausführungen auf den Vorgang eines kontinuierlichen Lernens während der gesamten Lebensspanne eines Menschen. Das bedeutet, dass das Lernen zwar vordergründig mit dem Erwachsenenalter in Verbindung gebracht wird, nicht aber losgelöst von den Erfahrungen aus Kindheit, Schule und Berufsausbildung gesehen werden darf. Jede Alters- und Lebensphase spielt dabei eine Rolle (vgl. Lipsmeier 1977).

Im beruflich-betrieblichen Rahmen wird die berufliche Handlungskompetenz vorwiegend bestimmt durch den realen Arbeitsprozessbezug, wobei für die Entwicklung von Kompetenzen das Selbstgesteuerte und Situative Lernen entscheidend sind. „Dieses kann informell, nicht-formal oder formal erfolgen. Hieraus begründet sich auch das große Interesse an der Anerkennung informellen und nicht formalen Lernens, da es bei Beschäftigten zur weiteren Kompetenzentwicklung beiträgt und erfolgreiches berufliches Handeln in Arbeitsprozessen ermöglicht sowie einen wesentlichen Bestandteil Lebenslangen Lernens ausmacht" (Blings/Spöttl 2011, S. 11).

Aus heutiger, aktueller Sicht bezieht sich der Begriff des Lebenslangen Lernens sowohl auf die betriebliche als auch auf die außerbetriebliche Lebenswelten, auf die Vielfalt von Lernmöglichkeiten ebenso wie die Biografien und Lebensumstände der Lernwilligen.

Ausführungen von Achtenhagen zeigen das Lebenslange Lernen als „traditionellen Bestandteil von Erziehungs- und Bildungskonzeptionen, nach denen menschliches Lernen als prinzipiell unabgeschlossen und unabschließbar galt und besonders in Epochen raschen und radikalen sozialen Wandels notwendig erschien" (Achtenhagen/Lempert 2000, S. 28).

Nach Achtenhagen und Lempert (Achtenhasgen/Lempert 2000) ist Lebenslanges Lernen ein absichtsvolles Lernen, das sowohl lehr- als auch lerngesteuert sein kann. Lebenslanges Lernen wird aber auch als ein informell-beiläufiges Lernen verstanden. Auf jeden Fall erstreckt es sich über den gesamten Lebenszeitraum und hat das Ziel, das eigene deklarative, prozedurale und strategische Wissen bzw. die eigene Kompetenz in einem bestimmten oder in mehreren Inhaltsbereichen weiterzuentwickeln. Dabei soll es sich nicht nur um die Veränderungen kognitiver Strukturen, sondern auch um die Strukturierung von Emotion, Motivation, Interesse und sozialer Kompetenz handeln.

Wichtig für die Voraussetzungen erfolgreichen Weiterlernens ist die Betrachtung des Wissensbereiches und die damit einhergehende Unterscheidung zwischen deklarativem, prozeduralem und strategischem Wissen.

Während unter deklarativem Wissen das erworbene Fakten-, Begriffs- und Konzeptwissen zu verstehen ist, geht es bei dem prozeduralen Wissen um die Anwendung des Faktenwissens zur Aufgabenbewältigung und Problemlösung.

Strategisches Wissen wiederum ist immer dann nötig, wenn das deklarative und prozedurale Wissen nicht genügen, um ein gegebenes oder angestrebtes Ziel zu erreichen. Mit anderen Worten ist das strategische Wissen also das Wissen darüber, welches spezifische Wissen wann und wie anzuwenden ist (vgl. Achtenhagen/Lempert 2000).

In den bestehenden Lehrplanstrukturen werden vor allem kognitive Kompetenzen angesprochen. Für die aktuellen und zukünftigen Bedürfnisse allerdings reichen diese Kompetenzen nicht mehr aus. Neben den angesprochenen sozialen Kompetenzen, Motivationen und Emotionen ist auch die Bereitschaft und Fähigkeit zur Selbstorganisation und Selbstregulation des Lernens als eine weitere Zielperspektive zu berücksichtigen. „Um mehr Selbstständigkeit zu lernen, müssen wir auch selbstständig lernen" (Dohmen 1997, S. 15).

Bei der Umsetzung des Konzeptes „Lebenslanges Lernen" geht es um die Erschließung bisher ungenutzter Potentiale im Sinne einer Kompetenzentwicklung, die für dringende Problemlösungen erforderlich sind wie beispielsweise verstärkt Fähigkeiten zu kreativer Lösungsfindung, Kommunikations- und Kooperationsfähigkeiten oder moralische Urteilsfähigkeit. In der gegenwärtigen Situation ist ein selbstständiges und innovatives Denken und Handeln notwendig, so dass in der Diskussion um das Lebenslange Lernen der Entwicklung des Selbstgesteuerten Lernens eine immer wichtigere Rolle zugeschrieben werden muss.

Durch den raschen und von permanenten Innovationen geprägten Wandel im IT-Sektor und dem folgerichtigen Einsatz Neuer Medien in aktuellen und zukünftigen Lernprozessen, ändert sich Lernen und Lernverhalten von ehemals starren Lernformen hin zu einem situationsgebundenen und kontinuierlichen Lernprozess, ein wichtiger Faktor auch gerade für das gegenwärtige Hypethema des Lebenslangen Lernens und grundlegend für die Möglichkeit der Entwicklung einer neuen Lernstrategie, der zu konzipierenden Kreativitätsschiene.

Das berufliche und private Leben wird durch die Vielzahl neuer Technologien geradezu revolutioniert. Um diesen ständigen Wandel bewältigen zu können, hilft nur permanentes Lernen und ständige Weiterentwicklung. Insbesondere für die berufliche Weiterbildung ist der Grundgedanke bestimmend, dass das in der Erstausbildung erworbene Wissen und Können im Hinblick auf technische, ökonomische und soziale Veränderungen im Beruf der permanenten Kontrolle und der Erneuerung bzw. Erweiterung bedarf.

Dies impliziert ein Lernen, das sich über das gesamte Berufsleben erstreckt. Einige Lernprozesse vollziehen sich informell, anhand praktischen Handelns und sozialen Miteinanders, andere sollten pädagogisch organisiert und gestaltet werden. Dafür sind neue Konzeptionen erforderlich.

3.4.1 Formelles und informelles Lernen

Mitarbeiterqualifizierende Kurse und Maßnahmen zur Weiterbildung und Wissensauffrischung erfolgen in Unternehmen meist immer noch in klassisch formeller Form wie Frontalunterricht. Dennoch zeigen aktuelle Untersuchungen von Dehnbostel die stete Verbreitung des informellen Lernens bei vielen Lernaktivitäten. Besonders vernetzte Lernformen unterstützen das informelle Lernen und beschleunigen die Entgrenzung des Lernens. Durch die Verwendung mobiler IT-Geräte in Beruf und privatem Alltag erfolgen Lernprozesse immer häufiger außerhalb konkreter Lernumgebungen (vgl. Dehnbostel 2007). Aber was genau ist nun informelles Lernen? Und wie kann es definiert werden? „Cedefop definiert informelles Lernen als Lernen, das im Alltag, am Arbeitsplatz, im Familienkreis oder in der Freizeit stattfindet. Es ist in Bezug auf Lernziele, Lernzeit oder Lernförderung nicht organisiert oder strukturiert. Informelles Lernen ist in den meisten Fällen aus Sicht der Lernenden nicht ausdrücklich beabsichtigt" (Blings/Spöttl 2011, Seite 3). Informelles Lernen erfolgt immer und überall, losgelöst von bestimmten Lernsituationen, beiläufig und selbstgesteuert.

Das informelle Lernen bildet sich aus implizitem Lernen und Erfahrungslernen und stellt eine Lernart dar, die in der Arbeits- und Lebenswelt als handlungsbasiert charakterisiert wird. Informelles Lernen wird nicht durch oder in Institutionen organisiert, sondern liefert Lernergebnisse mit konstruktiven

Lösungen aus Situationsbewältigungen und deren damit verbundenen Aufgabenstellungen – Kompetenzentwicklung durch informelles Lernen.

„Informelles Lernen weist (...) als besondere Merkmale Individualität, Kontextbezogenheit und Beiläufigkeit auf. Entsprechend fehlen strukturierte Lernziele, die abgeprüft und beurteilt werden können, stattdessen stehen die Ergebnisse des Lernprozesses im Fokus. Die Einschätzung und Bewertung von Lernergebnissen aber kann nicht wie in formalen Lernkontexten unmittelbar anhand von Lernzielen erfolgen" (Dehnbostel 2010 – Internet 48, S. 15).

Merkmale formalen Lernens vs. informellen Lernens

Abbildung 04: Merkmale des formalen und informellen Lernens

Formales Lernen	Informelles Lernen
▪ Organisiert und strukturiert	▪ Unsystematisch, zufällig
▪ Lernorte in Bildungszentren, Schulen	▪ Lernen in Arbeits- und Lebenswelten
▪ Vermittlung curricular vorgegebener, auf ein Ergebnis angelegter Lerninhalte	▪ Beiläufiges Lernen, Lernergebnis wird nicht bewusst angestrebt
▪ Vermittlung von Theoriewissen als zumeist reduziertem wissenschaftlichem Wissen	▪ Erwerb von Erfahrungswissen durch Reflexion des in Handlungen Erfahrenen
▪ Pädagogisch-professionelle Begleitung der Lernprozesse	▪ Ggfs. Moderation von Reflexionsprozessen
▪ Nur eingeschränkte Vermittlung von Sozial- und Personalkompetenz	▪ Gleichzeitiger Erwerb von Fach-, Sozial- und Personalkompetenz

Quelle: Dehnbostel/Seidel/Stamm-Riemer 2010 – Internet 48, S. 10

Unter dem rekonstruktiven Aspekt der Selbststeuerung und Selbstbestimmbarkeit von Lernen behalten die ermöglichenden Lerninfrastrukturen ihre Bedeutung. Nach den Ausführungen von Elias verändern sich Menschen nur in ihren gelebten Beziehungen zueinander. Bildung durch informelles lebenslanges Lernen gehört wie selbstverständlich zum Lernprozess selbstgesteuerter Individuen (vgl. Elias 1996).

Als Gegensatz zum formalen Lernen definiert das informelle Lernen einen vom Subjekt ausgehenden Lernprozess, bei dem die Lernergebnisse stark vom Kontext bestimmt werden (vgl. Blings/Spöttl 2011, S. 4). Während formales Lernen zu Theoriewissen führt, erreicht informelles Lernen mit seiner ganzheitlichen Betrachtungsweise eines Vorgangs samt der eingebrachten praktischen Erfahrung und der reflektierten Lernprozesse ein neues Erfahrungswissen, das wiederum leichter in den Praxiskontext übertragen und dort in Arbeitsprozessen umgesetzt werden kann. „Bei formellen (zentralen) Lernumgebungen kommt es beim

Transfer des Gelernten häufig zu Problemen, da hier oftmals der Praxisbezug fehlt und das Lernen außerhalb des eigenen Arbeitsbezuges erfolgt. Informelles Lernen dagegen erfolgt (...) im Prozess der Arbeit und damit dezentral. Daher können Ergebnisse leichter in die Praxis transferiert werden" (Stender 2009, S. 322).

„Genaugenommen gibt es weder formelles, non-formelles und informelles Lernen, sondern nur entsprechende Kontexte, also Umgebungsbedingungen. Lernen ist ein Prozess, der im Menschen stattfindet. (...) Lernprinzipien und Lerngesetzmäßigkeiten haben in allen diesen Kontexten ihre Gültigkeit. Straka schlägt deshalb vor, von Lernen unter informellen Bedingungen zu sprechen und dies von Lernen unter formalen oder nicht-formalen Umgebungsbedingungen zu unterscheiden (vgl. Straka 2004)" (Blings/Spöttl 2011, S. 5–6). Eine trennscharfe Unterscheidung zwischen dem informellen Lernen und dem Erfahrungslernen wird nicht gezogen. Mit Blick auf das aktuelle deutsche Berufsbildungssystem werden Lernergebnisse informellen Lernens weiterhin „hoch bewertet, da sie zum einen daran beteiligt sind wie auf veränderte Anforderungen reagiert wird und damit einen großen Anteil am Lebenslangen Lernen haben. Zum anderen sind sie beteiligt, wenn Probleme gelöst werden, Strategien entwickelt werden oder mit Störfällen umgegangen wird" (Blings/Spöttl 2011, S. 6). Dennoch erfolgen 80 Prozent der von Unternehmen geförderten Weiterbildungsmaßnahmen auf Grundlage formellen Lernens. Demgegenüber stehen Untersuchungsergebnisse von Cross, die belegen, dass das Lernen zu rund 80 Prozent aufgrund informellen Lernens und nur zu 20 Prozent durch formelles Lernen erfolgt (vgl. Cross 2007).

Im Bereich der in dieser Forschungsarbeit fokussierten Informationstechnologie stehen die Neuen Medien mit ihren innovativen Kommunikationsmöglichkeiten samt den aktuellen M-Learning-Angeboten für die Förderung informeller Lernprozesse. Das bedeutet, dass gerade in der Kommunikation mit dem auch virtuellen Gegenüber informelle Lernaktivität stattfindet. Kommunikation im persönlichen Kontakt oder via sozialer Netzwerke, Mails, Chats, Blogs oder Clouds erweitert dabei den Anteil informellen Lernens und steigert die Entwicklung von Kompetenzen im Umgang mit neuen Medien einerseits und im Rahmen notwendiger Selbststeuerung eigener Lernprozesse (vgl. Christmann 2013) andererseits.

Eine berufsübergreifende Zusammenfassung zeigt allerdings, „dass es in Deutschland bezogen auf die berufliche Handlungskompetenz meistens keine rein informell erworbenen Kompetenzen festzustellen sind, denn meist ist eine Verknüpfung mit unter formalen Bedingungen gelernten Inhalten vorhanden, seien es naturwissenschaftliche Grundkenntnisse, (...) oder auch systematisches Wissen" (Blings/Spöttl 2011, S. 5).

3.5 Lerntheoretische Ansätze – ein Aufriss übergeordneter Lerntheorien

Lerntheorien berücksichtigen und untersuchen gelernte Veränderungen des menschlichen Verhaltens und Denkens und werden in der Praxis zur Gestaltung von Lernumgebungen herangezogen.

Die Entwicklung lerntheoretischer Ansätze ist noch relativ jung. Während formalisiertes Lernen traditionell aus psychologischer und religiöser Sicht betrachtet wurde, entwickelte sich erst vor hundert Jahren eine theoriegeleitete Sichtweise dank moderner Lernforschung (vgl. Harasim 2011). Die verschiedenen Varianten der bedeutendsten Vertreter klassischer Lerntheorien lassen sich in übergeordnete Kategorien fassen. Eine praktikable Unterteilung, die auch im Kontext des Lernens mit Neuen Medien und damit im Zusammenhang mit der Informationstechnologie häufig anzutreffen ist, ist die Unterteilung in behavioristische, kognitivistische und konstruktivistische Lerntheorien. In der aktuellen Praxis des Lernens mit digitalen Medien finden Lernparadigmen des Konstruktivismus am häufigsten Anwendung, weshalb diese konstruktivistischen Lernparadigmen in einem eigenen Unterkapitel nach diesem deskriptiven Überblick der Lerntheorien gesondert hervorgehoben werden.

Behaviorismus

Der Behaviorismus ist eine Lerntheorie, die das nach außen getragene Verhalten einer Person thematisiert. Bei der Gestaltung von Lernprozessen bleiben Bewusstseinsvorgänge und zu verinnerlichende Prozesse wie Gedanken, Vorstellungen und Ansichten unberücksichtigt und werden nicht mit einbezogen. Seel beschreibt den Behaviorismus als eine „Bezeichnung einer speziellen Richtung der verhaltensorientierten Assoziationspsychologie, die Lernen und andere psychische Dispositionen als grundsätzlich nur auf der Basis von Reiz-Reaktions-Kontingenzen erschließbar beurteilte" (Seel 2010, S. 16). Mit der Konzeption auf einem Stimulus-Response-Modell, können Lernprozesse gemäß dieser Modellvorstellung von außen gesteuert werden und finden ihren Einsatz meist in autoritären Lernumgebungen. Die Betrachtung des Lernens als linearer Prozess unter Einbeziehung der verstärkt gezeigten Verhaltensweisen bildet das umfassende Kernelement des Behaviorismus.

Die Lerntheorie des Behaviorismus wurde bereits in den 70er Jahren in Form von programmierten Unterweisungen in pädagogischen Praxisfeldern angewendet (vgl. Seel 2010). Aktuelle Untersuchungen von Rey zeigen auf, dass der Behaviorismus allerdings in den heutigen modernen Zeiten und speziell im Bereich der Neuen Medien eine untergeordnete Rolle spielt (vgl. Rey 2009). Dennoch werden Neue Medien als Katalysatoren für extrinsische Lernmotivation eingesetzt, die natürlich auch gleichzeitig die intrinsische Motivation der Lernenden verstärkt. Im medialen Lernen werden beispielsweise Vokabellernprogramme behavioristisch eingesetzt, die im Rahmen mobilen Lernens in Form von Apps für alle gängigen Smartphones und Tablet-PCs abrufbar sind.

Kognitivismus
Im Gegensatz zum vorangestellten Behaviorismus rückt der Kognitivismus die inneren und bewussten Vorgänge des Lernprozesses eines Lernenden in den Vordergrund.

Im Laufe der Entwicklung der Lerntheorien wurde die passive Rolle des lernenden Individuums beim behavioristischen Ansatz immer kritischer gesehen und mit einer kleinen „kognitiven Revolution" (Seel 2010, S. 39) für mehr Aktivität des Lernenden im Lernprozess ein Verbesserungs- und nächster Entwicklungsschritt angestoßen.

Wenn auch im Hinblick auf die Einbeziehung kognitiver Prozesse neu überarbeitet, erweitert und weiterentwickelt, weist der Kognitivismus doch noch Spuren der behavioristischen Lerntheorie auf, indem diese kognitive Prozesse resp. Organisationsprozesse zwischen die Komponenten des Reiz-Reaktions-Modells eingebettet werden. So gelangen Informationsverarbeitung und Entscheidungsvorgänge der lernenden Person zur Untersuchung, die als aktiver und individueller Input-Verarbeitungs-Prozess beim Lernen zum gewünschten Wissenserwerb führen.

Obwohl hierbei kritikberechtigterweise soziale Aspekte, Emotionen und die Betrachtung der Motivation außer Acht gelassen werden, erlangte der Kognitivismus eine hohe Bedeutung für das Lernen im multimedialen Bereich.

3.6 Lernparadigmen des Konstruktivismus

Mehr noch als die kognitivistische Lerntheorie versteht der Konstruktivismus das Lernen als aktiven und selbstgesteuerten Lernprozess, der den Charakter eines jeden Lernenden besonders hervorhebt (vgl. Siebert 2011). Subjektive Interpretation und die Fähigkeit zur Konstruktion der eigenen Wirklichkeit führen den Lernenden zu seinem, ihm eigenen Wissen.

Nicht die einfache Wissensübernahme, sondern das durch Selbstaktionismus geprägte Entwickeln von Wissenskonstrukten ist kennzeichnend für den Konstruktivismus. Thissen definiert den Konstruktivismus als Erkenntnistheorie, „die Erkenntnisse verschiedener wissenschaftlicher Disziplinen wie Hirnforschung, Neurobiologie, Kognitionspsychologie, Linguistik und Informatik miteinander verbindet" (Thissen – Internet 30). Die Grundlage der Theorie ist die Tatsache, dass die wesentliche Leistung des menschlichen Gehirns darin besteht, die von den Sinnesorganen übertragenen Impulse aus der Außenwelt permanent zu interpretieren. Dabei schafft es sich eine Konstruktion, so dass die menschlichen Wahrnehmungen lediglich Erfahrungen und Interpretationen spiegeln.

„Für das Lernen heißt dies, dass Lernen kein passives Aufnehmen und Abspeichern von Informationen und Wahrnehmungen ist, sondern ein aktiver Prozess der Wissenskonstruktion. Etwas lernen heißt, das Konstrukt im Kopf zu überarbeiten oder zu erweitern. Es heißt, sich aktiv und intensiv mit dem Lerngebiet auseinanderzusetzen. Außerdem ist Lernen ein individueller, selbstgesteuerter Prozess, der je nach Vorkenntnissen und Vorerfahrungen sehr unterschiedlich ausfallen kann" (Thissen – Internet 30).

Alle neuen Lerntheorien sehen das Lernen als einen aktiven Vorgang der individuellen Wissenskonstruktion an. Der Mensch lernt nicht dadurch, dass er etwas passiv aufnimmt, sondern indem er mit Hilfe von Material und der Auseinandersetzung mit einem Thema die Eindrücke aktiv er- und verarbeitet.

Es ist das wesentliche Merkmal lebendiger Lernkulturen, dass Inhalte nicht vermittelt, sondern erschlossen werden. Dabei bemühen sich die neueren Lehr-Lern-Arrangements darum, die empirisch vielfach erhellte Tatsache zu berücksichtigen, dass es die Lernenden selbst sind, die über den Schlüssel bei dieser Erschließung verfügen. „Es ist wichtig, sich zu vergegenwärtigen, dass bereits die Rede von der Vermittlung – vielleicht sogar von Werten – völlig an der Realität vorbei geht. Gehirne bekommen nichts vermittelt. Sie produzieren selbst! Wer hat uns denn das Laufen oder das Sprechen vermittelt? – Niemand als wir selbst!" (Spitzer 2007, S. 417).

Der Lerntheorie des Konstruktivismus liegen verschiedene Paradigmen wie der radikale Konstruktivismus, der individuelle Konstruktivismus, der soziale Konstruktivismus und der gemäßigte Konstruktivismus zugrunde.

Die These des Konstruktivismus mit interaktionistischem Bezug besagt, dass dieses Entdecken, Erfinden und Kritisieren der Welt direkt an die Handlungen der Lernenden gebunden ist. Mit dem Wissen um und dem gekonntem Umgang mit Methodenkompetenz, ist das Lernen dann am effektivsten, wenn der Lernende seinen Lernprozess selbst steuert (vgl. Reich 2000).

Für eine interaktionistisch-konstruktivistische Lehr- und Lerntheorie stehen Vertreter wie Reich, Arnold und Siebert, die weiterführende Facetten dieser Lerntheorie auch für Bereiche der Weiterbildung entwickelt haben. So übt die emotionale Konstruktion der Wirklichkeit Einfluss auf Emotionen und Lernen aus, in dem sich der Lernende mit seinen früh eingespurten, verinnerlichten Primärbindungen, also Beziehungs-, Gefühls- und Verhaltensmustern, selbstreflexiv auseinandersetzt (vgl. Arnold 2005).

Hinsichtlich der Wechselwirkung von Konstruktivismus und Pädagogik unterscheidet dann Dubs zwischen den Begriffen von radikalem und gemäßigtem Konstruktivismus. Die unterrichtlichen Unterschiede zeigen sich darin, dass die radikalen Konstruktivisten an die Subjektivität des Wissens glauben. Sie fordern selbstgesteuertes, kollektives Lernen, in dem alle Denk- und Lernvorgänge in subjektiver Weise diskutiert werden.

Bei den gemäßigten Konstruktivisten hingegen stehen den Lernenden häufig fertige Informationen und Demonstrationen der Lehrkraft als Modell, im Sinne von objektivem Wissen, zur Verfügung, die im weiteren Dialog oder im selbstgesteuerten Lernen verarbeitet werden (vgl. Dubs 1995c, S. 889–903).

Für von Glasersfeld handelt es sich beim radikalen Konstruktivismus um eine, einfach ausgedrückt, „unkonventionelle Weise, die Probleme des Wissens und Erkennens zu betrachten. Der Konstruktivismus beruht auf der Annahme, dass alles Wissen, wie immer man es auch definieren mag, nur in den Köpfen von Menschen existiert und dass das denkende Subjekt sein Wissen nur auf der Grundlage eigener Erfahrung konstruieren kann. Was wir aus unserer Erfahrung machen, das allein bildet die Welt, in der wir bewusst leben" (von Glasersfeld 1996a, S. 22).

Für die Lehr-Lerntheorie bedeutet dies, dass der Lernende seinen Lernprozess selbst steuert und im dabei seine eigene, individuelle Reproduktion konstruiert. Das Gehirn nimmt kein Wissen auf, sondern lernt nur aus Erfahrungen und Vorwissen.

Der Lehrende ist dann nicht länger üblicher Wissensvermittler, sondern Berater und Coach. Er agiert im Hintergrund, gibt ein so genanntes Lehrangebot mit Wissensquellen, berät und betreut bei Bedarf und kann damit den Lernprozess des Lernenden in die richtige Richtung lenken.

Ebenfalls gibt es verschiedene konstruktivistische Ansätze und unterschiedliche Definitionen im Bereich des Lernens mit Neuen Medien. Dennoch haben die nach konstruktivistischen Gesichtspunkten gestaltete Lernumgebungen nach Untersuchungen von Rey die aufgeführten gleichsam wiederkehrende Merkmale:

Wissenskonstruktion –	aktive Wissensaneignung auf Grundlage vorhandenen Wissens
Kooperatives Lernen –	Unterstützung der Konstruktion neuen Wissens
Selbstregulation –	Stärkung der Metakognition Lernender
Authentische Lernsituation –	Lernen anhand praxisbezogener Aufgabenstellungen (vgl. Rey 2009).

Auf Grundlage der dargelegten Strategien zur beruflichen Aus- und Weiterbildung und dem Überblick übergeordneter lerntheoretischer Ansätze ergeben sich Erkenntnisse und Konsequenzen für Lernsituationen in der Weiterbildung und das Gestalten von Lernprozessen, die für die Entwicklung der eigenbenannten Kreativitätsschiene als Lernstrategie einer neuen Lern- und Weiterbildungskultur aufgegriffen, eingebunden und umgesetzt wurden:

- Lernzusammenhänge entstammen zum einen der Arbeitsumgebung des sich Weiterbildenden, in der Wechselbeziehung „Lernen und Arbeiten", und zum anderen aus allgemeinen, beruflich oder privaten Aufgaben- und Problemsituationen.
- Teil des Lernprozesses ist immer das Übertragen erworbener Strategien auf reale Situationen.
- Der Reflexion über die Erfahrungskenntnisse, auch als Abstraktion durch Rückschau bezeichnet, kommt bei der Gestaltung und Konzeption eine grundlegende Bedeutung zu.

Neben vielen anderen Anforderungen wie Mobilität und Flexibilität stellt besonders im Berufsfeld der Informationstechnologie die Bereitschaft zum Lebenslangen Lernen eine der wesentlichsten Anforderungen an den Lerner dar – heute und in Zukunft! Aus diesem Grunde erfordert das Lernen angeleitete Orientierung, Motivation, Interesse und Eigenaktivität. Dies führt zur emanzipatorischen Mündigkeit einer jeden individuellen Person, selbst erkennen zu können und selbst zu entscheiden, zu welchem Zeitpunkt und in welchem Umfang eine Weiterbildung wichtig und notwendig ist.

4 Entwicklung des IT-Sektors und Herausforderungen für die berufliche Aus- und Weiterbildung

Ein Kürzel hat Konjunktur: IT-Branche, IT-Ausbildung, IT-Berufe, IT-Weiterbildung, ... IT steht für Informationstechnologie, für Hardware wie Computer oder Handy, aber auch für Software wie Programme zum Schreiben, Rechnen, Planen, Lernen, Surfen, Mailen. Der Bereich der Informationsverarbeitung samt Datentechnologie und der dazugehörigen Hard- und Software wird als Informationstechnik oder als Informationstechnologie bezeichnet. Hinzugerechnet werden alle historischen bis zukunftsorientierten Aspekte von Mensch-Maschinen-Schnittstellen. Dies inkludiert digitale Informations- und Kommunikationstechnologien wie Tele- und Unterhaltungselektronik, interaktive PC-Technik, Softwarearchitektur, IT-Produkte+Systemlösungen und Social Media.

Und weil ohne diese neuen Technologien in Industrie und Wirtschaft nichts mehr läuft, haben all diejenigen Berufstätigen die besten Aussichten auf Joberhalt und Karriere, die sich damit auskennen.

4.1 Entwicklung des informationstechnologischen Sektors

Durch die permanenten technologischen und strukturellen Veränderungen in der Arbeitswelt wachsen die Anforderungen an die Beschäftigten. Das gilt sowohl für bereits ältere Arbeitnehmer als auch für Berufseinsteiger. Lernerorientiert aktives und selbsterarbeitendes Lernen prägen deshalb zunehmend die modernen Lernformen.

Um diesen Anforderungen gerecht zu werden, wird ein kontinuierliches Lernen erforderlich. Wichtig dabei ist die Schaffung von Lernanreizen und beruflichen Perspektiven. Das bedeutet kontinuierliche Weiterbildung über den gesamten Zeitraum der Berufsausübung hinweg. „Kontinuierliches Lernen ist dort möglich, wo (...) Arbeitnehmerinnen und Arbeitnehmer in innovativen Beschäftigungsbereichen tätig sind, in denen eine Lernkultur existiert, die Lernen während des gesamten Berufsverlaufs zur Selbstverständlichkeit macht und auch ältere Beschäftigte davon überzeugt sind, dass ihre Expertise gefragt ist" (BIBB – Internet 24).

Die betriebliche Weiterbildung im IT-Sektor kann auf keine Jahrhundert alte Tradition zurückblicken. Die Branche der Informationstechnologie gilt als moderne Dienstleistungsbranche, deren bedarfsgerechte Weiterbildung angebotsorientiert erfolgt und seminaristisch abgehalten wird. Mit Hinblick „auf die

Erfordernisse der betrieblichen Arbeit reduziert sich die Anwendbarkeit des ‚Gelernten' auf ein Minimum, das durch die kurzen Innovationszyklen schon bald veraltet ist" (Dehnbostel/Harder 2004, S. 182). Die betriebliche Arbeit zeichnet sich meist als reine Projektarbeit aus, die einen kompletten Geschäftsprozess von der Analyse und Beratung, über die Produktentwicklung und den Vertrieb bis zum Support beinhaltet. Die Komplexität dieser Tätigkeiten in unterschiedlichen Geschäftsfeldern bedingen eine sehr heterogene Beschäftigungssituation der IT-Netzwerker, die eine einheitlich zu konzipierende Weiterbildungsstruktur erschwert. Dennoch ist stete und qualifizierende Weiterbildung mehr denn je notwendig – in dieser schnell wachsenden IT-Branche, sowohl mit in einem der fünf IuK-Ausbildungsberufe ausgebildeten Mitarbeitern als auch mit verstärkt als Seiten- und Quereinsteiger fungierenden IT-Mitarbeitern ohne jegliche abgeschlossene IT-Ausbildung (vgl. Dehnbostel/Harder 2004).

Die Entwicklung der Bildungslandschaft im IT-Sektor begann Mitte der neunziger Jahre des letzten Jahrhunderts. In der Bundesrepublik Deutschland gab es bis zu diesem Zeitpunkt eine IT-Ausbildung fast ausschließlich als Hochschulstudium und die Akademikerquote der IT-Branche wie Informatiker und Ingenieure lag bei stolzen 40 Prozent. Doch bedingt durch die allgemein schwächer werdende Beschäftigungslage um die Jahrtausendwende waren auch Tätigkeiten in Bereichen des informationstechnologischen Supports und Consultings von Kürzungen und Entlassungen betroffen. Ein auftretender Fachkräftemangel war die Folge. „Die Schaffung neuer Ausbildungsberufe für den IT-Sektor im Jahr 1997 war ein wichtiger Durchbruch, um auf einem praxisnahen Weg das akute Nachwuchsproblem zu mildern. Dahinter stand die Erkenntnis, dass der Löwenanteil des operativen Geschäfts im kunden- und anwendernahen Bereich erfolgt. Durch eine Ausbildung in den neuen Berufen kann im Vergleich zu anderen Bildungswegen und zum Studium schneller und effizienter gut qualifizierter Nachwuchs rekrutiert werden" (Ehrke 2004, S. 114). Dieses Konzept allerdings betraf nur die neu auszubildenden Arbeitskräfte. Um die bereits als IT-Werker arbeitenden Fachkräfte nach- und weiterqualifizieren zu können und gleichzeitig auf deren Karriereweg eine Zukunftsperspektive für die betriebliche Personalentwicklung zu geben, wurde seitens der Bundesregierung mit kompetenten Partnern der IT-Industrie und IT-Branche ein unterstützendes Weiterbildungsprogramm mit insgesamt 35 Profilen entwickelt. Eine Verständigung auf bundeseinheitlich geregelte Spezialistenabschlüsse vereinfachte die regional und überregional so wichtige Annerkennung und Vergleichbarkeit. Ebenso wurde damit eine maximale Öffnung des informationstechnischen Weiterbildungssystems für Arbeitnehmer, Arbeitssuchende und IT-Unternehmer geschaffen.

Für die Gewährleistung aktueller Standards wurden Qualitätskriterien für die IT-Weiterbildung entwickelt, um die erhofften Erfolge während der Weiterbildungspraxis dauerhaft zu erhalten. Mit der Erstellung dieser Qualitätskriterien wurde erstmalig eine Verständigung und weiterführend mit einem umfassenden Qualitätsmanagement eine Verantwortungsübernahme über die operativen Standards für die berufliche Weiterbildung herbeigeführt.

Im Rahmen der Entwicklung des Qualitätsmanagements der IT-Weiterbildung wurden nachfolgend auch neue Prüfungen als Kompetenznachweise gestaltet. Die praxisnahe Durchführung von Projekten löste die vormals punktuelle Prüfung des so genannten trägen Wissens ab. Da die IT-Branche starken internationalen Einflüssen ausgesetzt ist, erfolgte die Zertifizierung von Ausbildung und Personal nach international gültigen Normen. Nur mit dieser Internationalisierung der Standards konnte eine IT-Weiterbildung für die Zukunft getragen werden.

Die fortlaufenden Entwicklungen im IT-Sektor sind rasant und die von der IT-Branche verursachten Veränderungen auf den gesamten Lebensbereich zeigen sich in deren Unterscheidungen in Industrie-IT, Business-IT, Kommunikations-IT und Unterhaltungs-IT, in fünf informationstechnologische Ausbildungsberufe und vierzig auszuübende IT-Berufe. Aktuelle Ausbildungszahlen der Bundesagentur für Arbeit (BA) bestätigen diese Aussagen (vgl. Internet 40). Auch das der BA angeschlossene IT-Systemhaus als deren IT-Dienstleister unterstützt die IT-Abwicklungen aller Geschäftsprozesse von BA-Einrichtungen und fungiert selbst als IT-Ausbildungsbetrieb für den IT-Fachinformatiker in den Fachrichtungen Systemintegration und Anwendungsinformatiker. „Die BA-Informationstechnik entwickelt und betreibt eine der größten IT-Landschaften Deutschlands" (BA-Informationstechnik – Internet 41, S. 1) und nimmt laut Aussagen des Ausbildungsleiters bundesweit jedes Jahr 40 Schulabsolventen zur dualen Ausbildung auf. Den 120 Auszubildenden pro Ausbildungszeitraum wird eine den aktuellen Standards entsprechende Ausbildung geboten. Mit einer 48 monatigen Übernahmegarantie und anschließender fester Übernahme erwarten sie gute Perspektiven für eine IT-Karriere auf dem Arbeitsmarkt.

Die IT-Branche zeichnet sich durch Dynamik und stetes Wachstum aus, „das Bundesministerium für Bildung und Forschung (BMBF) schätzt, dass mehr als 80% der Innovationen IT-getrieben sind" (Herzwurm/Pietsch – Internet 35, Seite 1). „Insbesondere in dynamisch wachsenden Wirtschaftsbereichen mit anspruchsvollen, innovativen Produkten wandeln sich die Anforderungen an die Qualifikationen der Beschäftigten schnell. Hier kommt eines der grundlegenden Charakteristika der ‚Wissensgesellschaft' zum Tragen. Wissen kann nicht mehr eindeutig zu Beginn der Erwerbsbiographie erworben, sondern muss kontinuierlich revidiert und ausgebaut werden" (Herzwurm/Pietsch – Internet 35, S. 1).

Somit muss sich das Bildungssystem, ebenso wie die Arbeitnehmer selbst, mit aktuellen Anforderungen an das Lebenslange Lernen auseinandersetzen. Damit keine Wissenslücken und „synaptische Spalten" im Sinne Maturanas entstehen (vgl. Maturana 1987), müssen sowohl Beschäftigte als auch das Bildungssystem schnell und flexibel auf Veränderungen reagieren.

Das Land Baden-Württemberg und vor allem der Raum Stuttgart als Region, die zur Entwicklung auch als Medienstandort vorwiegend im informations- und kommunikationstechnischen Sektor weiterhin die Wirtschaftsstruktur dominiert, ist auf der permanenten Suche nach qualifizierten IT-Fachkräften.

„Baden-Württemberg hat sich zum Ziel gesetzt, auch als Hochproduktivitätsstandort mit entsprechend hohen Arbeitskosten in Bezug auf die so genannten ‚Zukunftsindustrien' international wettbewerbsfähig zu bleiben. Die größten Entwicklungschancen sieht das Land in den Bereichen Software, Biotechnologie, Umwelttechnik und Multimedia. Dabei wird dem Auf- und Ausbau der benötigten Infrastruktur der Wissensgesellschaft besonderer Bedeutung zugemessen" (Herzwurm/Pietsch – Internet 35, S. 1).

Das Geschäftsklima der deutschen ITK-Branche hat sich erholt und aktuelle Zahlen zum deutschen IT-Markt lesen sich spannend. Die Beeinflussung der ITK-Branche auf den Lebensbereich nehmen weiter stark zu, IT-Produkte wie Notebook und Handy/Smartphone gehören wie selbstverständlich zum Alltag. Ebenso die Internetnutzung, rund ein Drittel der Menschheit surft – beruflich oder privat – im World Wide Web. Die Bedeutung der IT-Welt als Wirtschaftsfaktor ist nicht zu übersehen. Allein in Deutschland verdienen rund 850.000 Beschäftigte, wie Abbildung 06 veranschaulicht, ihren Lebensunterhalt in der weit gefassten Informations- und Kommunikations-Branche – mit steigender Tendenz (vgl. Bayer – Internet 37).

Abbildung 05: Gutes Geschäftsklima in der deutschen ITK-Branche

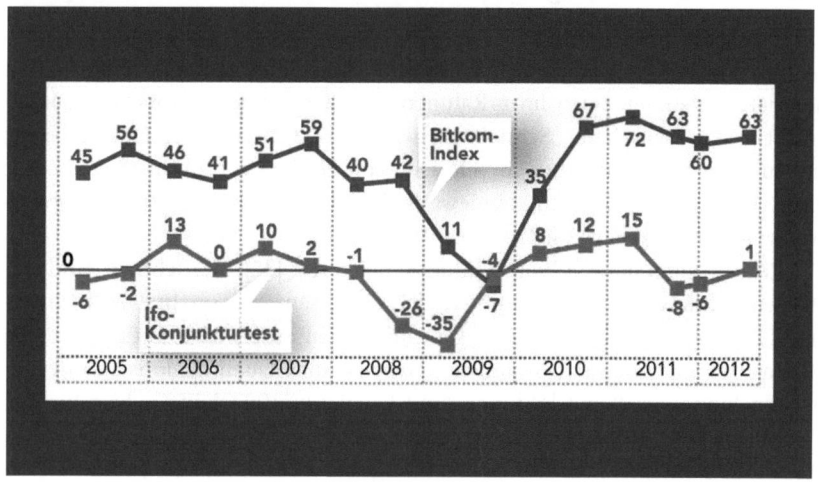

Quelle: Bayer – Internet 37, S. 3

Abbildung 06: Anzahl der Mitarbeiter in der deutschen ITK-Branche (Angaben in Tausend)

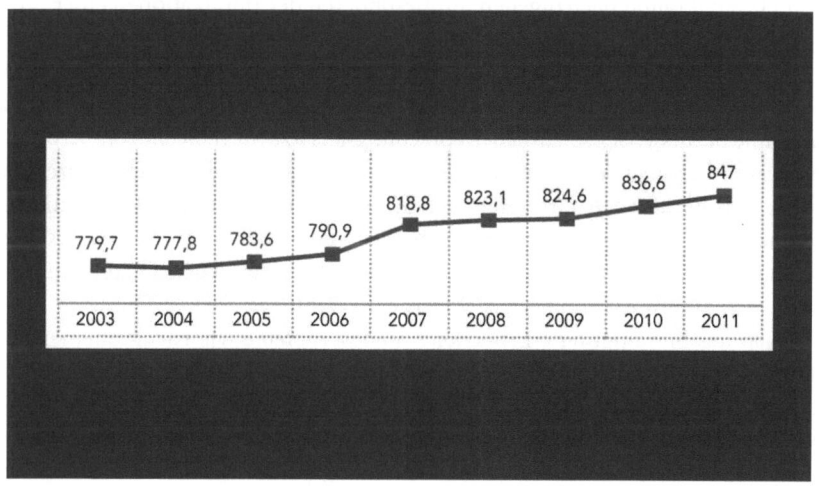

Quelle: Bayer – Internet 37, S. 4

4.2 Herausforderungen für die IT-Aus- und Weiterbildung

Die Herausforderungen für die Aus- und Weiterbildung im Bereich der Informationstechnologie gestalten sich aufgrund Ihrer dargestellten Komplexität als schwierig besonders auch im mRahmen beruflicher Bildungsforschung, Wirtschaft und Gesellschaft. „Schließlich liegt das Ziel beruflicher Qualifizierung im Aufbau von Qualifikationen, mit denen die zukünftigen Berufstätigen in die Lage versetzt werden sollen, den jeweils aktuellen Anforderungen der Arbeitswelt gerecht zu werden" (Sonntag u.a. 1987, S. 90).

Die Zusammenarbeit von Bildungsanbietern, IT-Unternehmen und IT-Anwenderbranche ist weiterhin gefragt, gemeinsam eine qualitative hochwertige IT-Weiterbildung weiterzutragen, mit Leben zu füllen und damit „einen Beitrag zur Erschließung beruflicher Arbeits- und Qualifikationsanforderungen im Sinne der Berufsbildungs- und Curriculumforschung – hier für den IT-Bereich – zu leisten" (Wehmeyer 2005, S. 254). Das bedeutet, die gesamte Ausbildungssituation und Arbeitsrealität genauer zu betrachten, um die Herausforderungen einer geschäfts- und arbeitsprozessorientierten Abgrenzung hinsichtlich der curricularen Gestaltung von Aus- und Weiterbildungsprofilen anzugehen. Bei der Untersuchung ist der Frage nach den inhaltlichen Ableitungen und beruflichen Abgrenzung der Arbeits- und Kompetenzanforderungen von IT-Fachkräften nachzugehen, im Besonderen der Implikationen einer prospektiven Gestaltung von Ausbildung und Weiterbildung im IT-Bereich (vgl. Wehmeyer 2005). Die hierfür von Wehmeyer, und im folgend dargestellten Schaubild 07, durchgeführten Analysen der IT-Arbeit und IT-Ausbildung „sind im Sinne berufswissenschaftlicher Forschungsansätze im Geflecht von ‚Arbeitsprozessen beruflicher Arbeitswirklichkeit, den Lern- und Bildungsprozessen sowie den beruflichen Ordnungsmitteln' zu sehen. Mit den Untersuchungen soll auch ein Beitrag zur notwendigen Weiterentwicklung arbeitsanalytischer Methoden und Instrumentarien der berufswissenschaftlichen Qualifikations- und Curriculumforschung geleistet werden" (Wehmeyer 2005, S. 255).

Nach der Bewältigung erheblicher Anfangsprobleme wie Fachkräftemangel, das Fehlen von Ausbildungsplätzen und Ausbildern, unklare Berufsbezeichnungen, schlechte Qualität der Weiterbildungsangebote sowie „besonderem Wildwuchs auf dem IT-Weiterbildungsmarkt" (BMBF – Internet 31), konnte dieser Reformstau mit der Schaffung von Ausbildungsplätzen in dieser boomenden Branche und der Entwicklung eines IT-Weiterbildungssystems aufgelöst werden. Unter der Regie und Verantwortung des BIBB aufgestellte Verordnungen wie die tragende „Verordnung über die berufliche Fortbildung im Bereich der Informations- und Telekommunikationstechnik" bieten den IT-Fachkräften und

Abbildung 07: Wechselwirkung von beruflicher IT-Arbeit und IT-Ausbildung

IT-Arbeit
Betriebliche IT-Geschäfts- und Arbeitsprozesse, berufliche Handlungsfelder und IT-Arbeitsaufgaben, IT-Berufe, Technik und Qualifikationsanforderungen

IT-Ausbildung
Ziele, Strukturen und Inhalte der IT-Ausbildung, Evaluation der IT-Berufe, Planung und Umsetzung der IT-Ausbildung, IT-Prüfungen

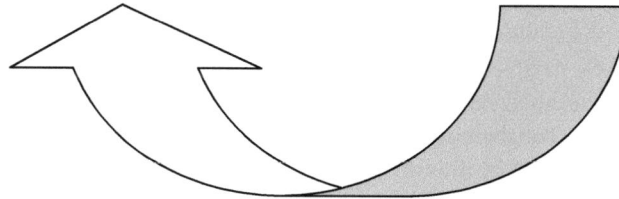

Quelle: Wehmeyer 2005, S. 255

IT-Seiteneinsteigern nun langfristige Berufsperspektiven samt der Möglichkeit der Spezialisierung, der steten Wissensaneignung und dem Erwerb offizieller, hochwertiger und international vergleichbarer Ausbildungsabschlüsse (vgl. BIBB – Internet 34). Mit der kompletten Neustrukturierung der IT-Fortbildung werden den Lernenden, den Weiterbildungsteilnehmern, differenzierte und weiterführende Wege der Weiter- und Höherqualifikation gezeigt und eröffnet. „Die betrieblichen, an konkreten Geschäftsprozessen orientierten Anforderungen sind Maßstab und Inhalt der Qualifikation" (BMBF – Internet 31).

Die Einführung des IT-Weiterbildungssystems beinhaltet mehr als das üblicherweise bei Neuordnungen von Aus- und Weiterbildungsberufen nach § 46 BBiG der Fall ist. Es ging von Anfang an um grundlegende Ansätze zu einer Reform der beruflichen Weiterbildung auf Ebene der Bildungsstrukturen, auf der Ebene der Qualitätssicherung von Weiterbildung, auf der Ebene der Curricula und Lernkonzepte. Den Hintergrund bildete die Diskussion über Lebensbegleitendes Lernen, das dem individuellen Lerner ein Rüstzeug an die Hand geben will, den Wandel hin zu einer Wissensgesellschaft als eigene Chance zu nutzen, berufstechnisch am Arbeitsplatz und privat durch Alltagsaktivitäten, unsere Wissensgesellschaft aktiv mitzugestalten.

Wie können künftig also informelles Lernen, Erfahrungswissen und formelles Lernen verbunden werden? Wie lassen sich horizontale Kompetenzentwicklung und klassische Aufstiegsfortbildung miteinander vereinbaren? (vgl. Ehrke 2004). IT-Weiterbildungsprozesse sind Modernisierungsprozesse des bestehenden Bildungssystems für die Integration von Informations- und Kommunikationstechnologie in alle Bildungsbereiche. Das reicht von der Erlangung von Basiskompetenzen bis hin zum Einsatz der Neuen Medien in Schule, beruflicher Bildung und privater Nutzung.

Der Innovationsgehalt der IT-Weiterbildung umfasst dabei die Anerkennung von Erfahrungslernen, das Lernen im Arbeitsumfeld, die Entschulung resp. Entgrenzung des Lernens, echte Kompetenznachweise statt Reproduktion „trägen Wissens", Verzahnung von Weiterbildung und Studium/Weiterbildung und Zertifikats-Weiterbildung bis hin zu neuer Tarifpolitik.

Dieser neue, flexible und praxisnahe Ansatz von zertifizierbarem, beruflichen Lernen zeigte schnell Auswirkungen auf die Diskussion in anderen Berufsfeldern und Wirtschaftsbereichen. Die IT-Weiterbildung stand modellhaft für die Übertragung auf andere Branchen wie die der Multimedia- und Kommunikationsbranche, der Metall- und Elektroindustrie. Die Nähe der Multimedia-Berufe zu den IT-Berufen ist bis heute zweifellos groß und in der IT-Weiterbildung waren Schnittstellen bereits markiert (vgl. ebd. 2004).

Im aktuellen Diskurs und im Fokus der Erweiterung des so genannten pädagogisch-traditionellen Blicks weist Dehnbostel darauf hin, dass „das Lernen zum zentralen Wert und zur Norm der Unternehmenskultur" (Dehnbostel 2001a, S. 179) geworden sei. Neben einer üblichen Arbeitsinfrastruktur existiere mittlerweile in vielen Unternehmen selbstverständlich eine eigene Lerninfrastruktur, die sich „in Form von Ausstattungen, Lernmaterialien, multimedialer Lernsoftware und gezielt hergestellten kooperativen Arbeits-Lern-Gruppen" (ebd., S. 182) ausweise. „Das herkömmliche Modell des Lernens am Arbeitsplatz wird durch die Anreicherung mit organisiertem Lernen elementar verändert. Lernen durch Imitation und Erfahrungslernen werden mit intentionalem Lernen in der Arbeitswelt verbunden" (ebd., S. 182).

Auch Brödel stellt die Weiterbildungsstrategie des Lebenslangen Lernens in den Mittelpunkt aktueller und zukünftiger Bildungsvoraussetzungen. „Eine Erweiterung des pädagogischen Blicks gewinnt so an Bedeutung, indem konstatiert wird, dass Lernen nicht nur in Bildungseinrichtungen und im Prozess der Arbeit stattfindet, sondern an vielen Lernorten – im sozialen Umfeld, mit Hilfe neuer Medien oder auch in selbst organisierten Formen" (Brödel 2004, Seite 14).

Erst durch die Entgrenzung der Lerninfrastruktur in „Stätten der organisierten Bildung und der beruflichen Qualifizierung" (Brödel 2004, S. 21) finden neuartige Lern und Handlungsstrategien ihre Anerkennung als Lern- und Weiterbildungsvarianten.

So wird Lebenslanges Lernen als aktives Gestaltungselement für die Umsetzung der stets komplexer werdenden Anforderungen in Berufswelt und im persönlichen Alltag integriert.

Sowohl Weiterbildungssysteme als auch das Lebenslange Lernen beanspruchen qualitativ hochwertige Lernstrategien zur eigenständigen Lösung von Aufgaben und Problemfeldern. Sie bedingen sich gegenseitig.

Das Spektrum der Lerninfrastruktur bietenden Institutionen ist groß und die Themen des Lernens und des Ermöglichens von Kompetenzentwicklung stehen im Vordergrund. Dennoch müssen die Möglichkeiten der Unterstützung selbst bestimmter Lernprozesse und Kompetenzentwicklungen permanent neu angedacht und zukünftig angepasst erschlossen werden.

5 Darstellung der Ausbildungsberufe und Weiterbildung in der Informations- und Telekommunikationstechnik

Durch die raschen und nachhaltigen Veränderungen in der Weltwirtschaft müssen neue Produkte immer schneller entwickelt und kurze Innovationszyklen als Daueraufgabe verstanden und bewältigt werden. Um in einem globalen Netz Forschung, Entwicklung, Beschaffung und Produktion zu organisieren, gibt es die Möglichkeit der Anwendung von Informations- und Telekommunikationstechniken.

Seit dem Jahr 1997 gibt es fünf Ausbildungsberufe im Bereich der Informations- und Telekommunikationstechnik, die in einem gemeinsamen Projekt von Bundesinstitut für Berufsbildung, Bundesministerium für Wirtschaft und Technologie sowie dem Bundesministerium für Bildung und Forschung entwickelt worden sind. Mit den neuen Ausbildungsberufen in den vier an zukünftige Anforderungen angelegten Berufsbildern IT-System-Elektroniker/in, Fachinformatiker/in, IT-System-Kaufmann/Kauffrau und Informatikkaufmann/-kauffrau wird ein modernes Angebot an zukunftsorientierten Berufen offeriert und eröffnet jungen Menschen und Quereinsteigern neue Perspektiven.

5.1 Derzeitige Situation – Ausbildungsprofile im Dualen System

Technik plus Datenströme plus Software – die digitale Revolution durch die IT-Industrie überrollt Geschäftsmärkte und verändert massiv die berufliche Arbeitsumgebung und private Lebenswelten.

Die Anforderungen im Bereich der Informations- und Telekommunikationstechnik verändern sich rapide. Deshalb greifen die neuen Ausbildungsberufe den Wandel im IT-Markt auf. Mit der für alle Berufe gemeinsamen Kernqualifikationen und zusätzlichen, speziellen Fachqualifikationen wird den Veränderungen der Bedarfsstruktur und der technischen Entwicklung entsprochen.

Nicht nur der technologische Wandel generiert neue Anforderungen, auch der wachsende IT-Markt entwickelt sich zu einem anspruchsvollen Markt.

Aus diesem Grunde gewinnen neben den technischen Spezifikationen umfassende Beratungs- und Serviceleistungen immer mehr an Bedeutung. Durch eine gemeinsame Kernqualifikation für alle neuen Berufe wird die Ausbildung dem Trend zu berufsübergreifenden Anforderungen gerecht.

Die neuen Ausbildungsberufe tangieren alle Bereiche der Informations- und Telekommunikationstechnik und lassen keine Trennungen zwischen klassischen Einzelgebieten und modernen Bereichen wie Multimedia und Social Media zu. Damit orientieren sie sich an Geschäftsprozessen und einer damit verbundenen ganzheitlichen Aufgabenwahrnehmung. Die Ermöglichung elektrotechnischer, dv-technischer, betriebswirtschaftlicher und projekt-orientierter Qualifikationen spielt deshalb in allen fünf IT-Ausbildungsberufen eine große Rolle.

Die Berufsausbildung selbst wird im bewährten dualen System durchgeführt, das heißt, dass die Berufsausbildung an den beiden Lernorten Berufsschule und Ausbildungsbetrieb stattfindet.

„Die dreijährige Berufsausbildung in den IT-Berufen Fachinformatiker Anwendungsentwicklung, Fachinformatiker Systemintegration, IT-System-Kaufmann, IT-System-Elektroniker und Informatikkaufmann findet im dualen Ausbildungssystem statt, also an den Lernorten Ausbildungsbetrieb und Berufsschule. Dabei begleitet die Berufsschule die betriebliche Ausbildung. Der Betrieb bildet unter Praxisbedingungen aus und die Berufsschule ergänzt die betriebliche Ausbildung durch theoretische Aspekte. (…) Bundesweit verbindliche Ausbildungsinhalte bilden eine einheitliche Grundlage. Die im Betrieb erlernte Fachpraxis wird schließlich durch die Vermittlung theoretischer Kenntnisse an der Berufsschule ergänzt. Schule und Betrieb gehen dabei Hand in Hand und sichern so die Basis für den erfolgreichen Eintritt des Auszubildenden in das spätere Arbeitsleben. (…) Die IT-Berufe verfügen über gemeinsame Kernqualifikationen und bilden durch die Integration von elektrotechnischen, dv-technischen und betriebswirtschaftlichen Inhalten eine gemeinsame berufsqualifizierende Basis. Am Ende der Ausbildung werden Abschlussprüfungen von der Industrie- und Handelskammer abgenommen" (IT-Berufe – Internet 28).

5.2 Strukturmerkmale und Charakteristika der IT-Ausbildungsberufe

Hinsichtlich des sich rasch wandelnden IT-Marktes und der sich daraus ergebenden verschiedensten Anforderungen der Betriebe unterschiedlicher Größe und Marktpositionierung wurde bei der Konzeption der neuen Ausbildungsberufe sehr stark darauf geachtet, die Struktur vorausschauend und ausbauend zu gestalten. Berücksichtigung findet dies in einem differenzierten Zuschnitt der Berufe im Hinblick auf Fachrichtungen, Einsatzgebiete und Fachbereiche. Weiterhin wurden gemeinsame Kernqualifikationen und ganzheitliche Aufgabenstellungen formuliert und die Abschlussprüfung überarbeitet, die sich nun projektbezogen, an realen Arbeitssituationen orientiert. Die einzelnen Elemente sind nicht neu, in ihrer Summe und Konstellation allerdings ergeben sie eine neue Qualität:

„- Kunden-, Geschäftsprozess- und Dienstleistungsorientierung, ganzheitliche Aufgabenwahrnehmung und systematische Betrachtungsweise,
- Orientierung an realen Arbeitsprozessen und Projekten statt Lehrgangsausbildung,
- projektbezogene Verknüpfung technischer, kaufmännischer, informations- und telekommunikationstechnischer Inhalte,
- Verknüpfung von Fachsystematik und prozessorientierter Vorgehensweise sowohl für den schulischen als auch für den betrieblichen Teil der Ausbildung,
- Beschreibung komplexer Handlungsfelder statt Zersplitterung in Fächer mit fachsystematischer Inhaltsvermittlung,
- Durchführung einer an konkreten Arbeitsaufträgen orientierten betrieblichen Projektarbeit sowie ganzheitliche Aufgabenstellungen als wesentliche Bestandteile der Abschlussprüfung" (Borch 1999, S. 21).

Abbildung 08: Strukturmerkmale der neuen Berufe

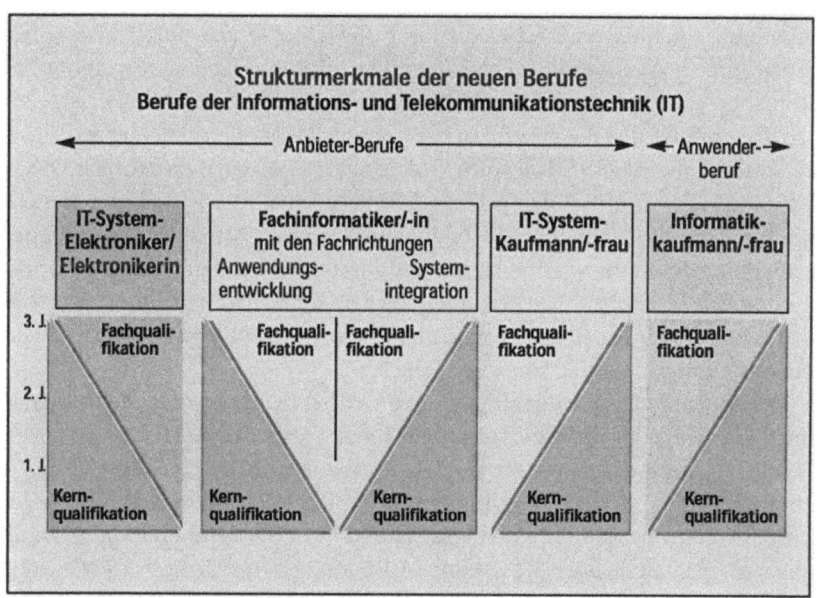

Quelle: BMWI/bmb+f 1999, Seite 8

Die vorangestellte Grafik zeigt die Aufteilung in Basis- und Fachwissen und das Zusammenspiel der beiden in den fortlaufenden Ausbildungsjahren. Die Aufteilung in gemeinsame Kernqualifikationen und spezifische Fachqualifikationen ist das Novum an dieser Berufsausbildung.

Berufsqualifizierende Basis aller fünf Berufe sind die gemeinsamen Kernqualifikationen, die ungefähr die Hälfte der Ausbildungszeit in Anspruch nehmen. Sie beinhalten Kenntnisse und Fertigkeiten aus den Bereichen Ausbildungsbetrieb, Geschäfts- und Leistungsprozesse, Arbeitsorganisation und Arbeitstechniken, Informations- und telekommunikationstechnische Produkte und Märkte sowie das Herstellen und Betreuen von Systemlösungen. Und sie bringen Vorteile mit sich wie ein leichterer Qualifikationstransfer in den Betrieben, das Fördern von berufsübergreifendem Denken und das verstärkte Vermitteln von Zugehörigkeit zu einer Berufsfamilie. Dafür sorgt auch der bereits oben genannte passende Zuschnitt der Berufe in Form von Fachrichtungen, Einsatzgebieten und Fachbereichen. Weiterhin wurden auch Elemente in das Ausbildungskonzept aufgenommen, die zwar nicht neu, aber in der jetzigen Zusammensetzung eine neue Qualität darstellen. Ergänzt werden diese Kernqualifikationen durch berufsspezifische Fachqualifikationen als weiterführende Spezialisierung.

„Gemeinsame Kernqualifikationen, eine projektbezogene, an realen Arbeitssituationen orientierte Abschlussprüfung sowie die an ganzheitlichen Aufgabenstellungen orientierten Lehrpläne bilden das Fundament für eine echte, berufsübergreifende Ausbildung" (BMWI/bmb+f 1999, Seite 9).

Die Formulierung der gemeinsamen Kernqualifikationen bedeutet gemeinsame Ausbildungsinhalte für alle fünf IT-Ausbildungsberufe, was natürlich Vorteile für eine allen fünf Berufen gemeinsame berufsqualifizierende Basis darstellt. Sie umfassen die Hälfte der Ausbildungszeit, sollen aber über den gesamten Ausbildungszeitraum von drei Jahren und zusammen mit den jeweiligen berufsspezifischen Qualifikationen vermittelt werden. Im ersten Ausbildungsjahr wird also demnach der Anteil der Kernqualifikationen am größten sein und im Laufe der Ausbildung mehr und mehr abnehmen.

Die einheitlichen Kernqualifikationen werden in einem zeitlichen Rahmen von 18 Monaten gelehrt und vermitteln Inhalte über den Ausbildungsbetrieb, Geschäfts- und Leistungsprozesse, Arbeitsorganisation und Arbeitstechniken, Informations- und telekommunikationstechnische Produkte und Märkte sowie das Herstellen und Betreuen von Systemlösungen (siehe Abbildung 09). In weiteren, gleichfalls über die gesamte Ausbildungszeit verteilten 18 Monaten, werden die berufsspezifischen Kenntnisse und Fertigkeiten zur Aneignung gebracht.

Diese Kernqualifikationen werden weiterhin während der gesamten Ausbildungszeit zusammen mit den berufsspezifischen Fachqualifikationen gelehrt und bilden die Grundlage dafür, dass die Auszubildenden auch nach erfolgreichem Abschluss ihrer Lehrzeit in der Lage sind, sich dauerhaft im IT-Bereich bewegen und weiterentwickeln zu können.

Abbildung 09: Kernqualifikationen

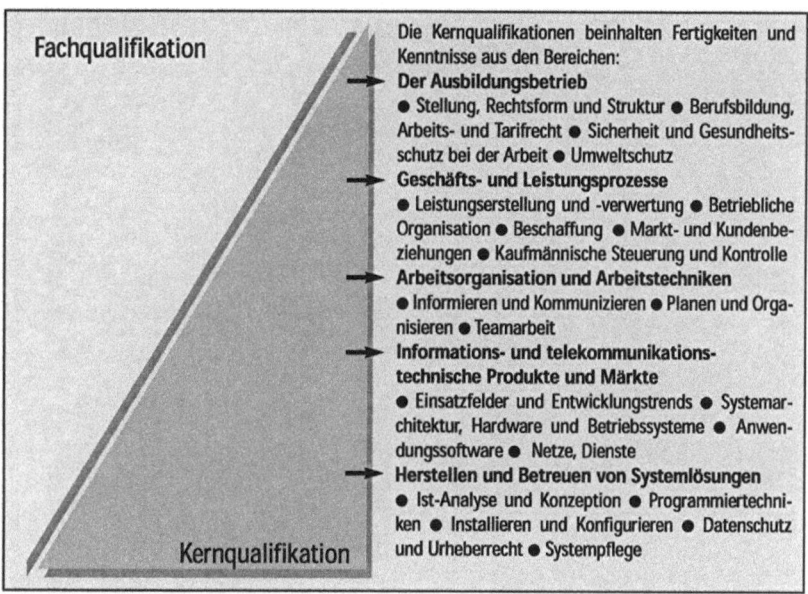

Quelle: BMWI/bmb+f 1999, Seite 8

Aktuelle Zahlen der Bundesagentur für Arbeit zeigen im allgemeinen Ausbildungsstellenmarkt deutschlandweit ein relativ ausgewogenes Verhältnis von 517.569 gemeldeten Bewerbern zu 469.426 gemeldeten Berufsausbildungsstellen im Berichtsjahr 2012/2013. Noch besser sah das Verhältnis im Berichtsjahr zuvor aus (vgl. Abb. 10). Eigentlich beste Voraussetzungen, alle einen Ausbildungsplatz Suchenden mit einem bildenden Arbeitsplatz versorgen zu können.

Abbildung 10: Bewerber für Berufsausbildungsstellen Deutschland

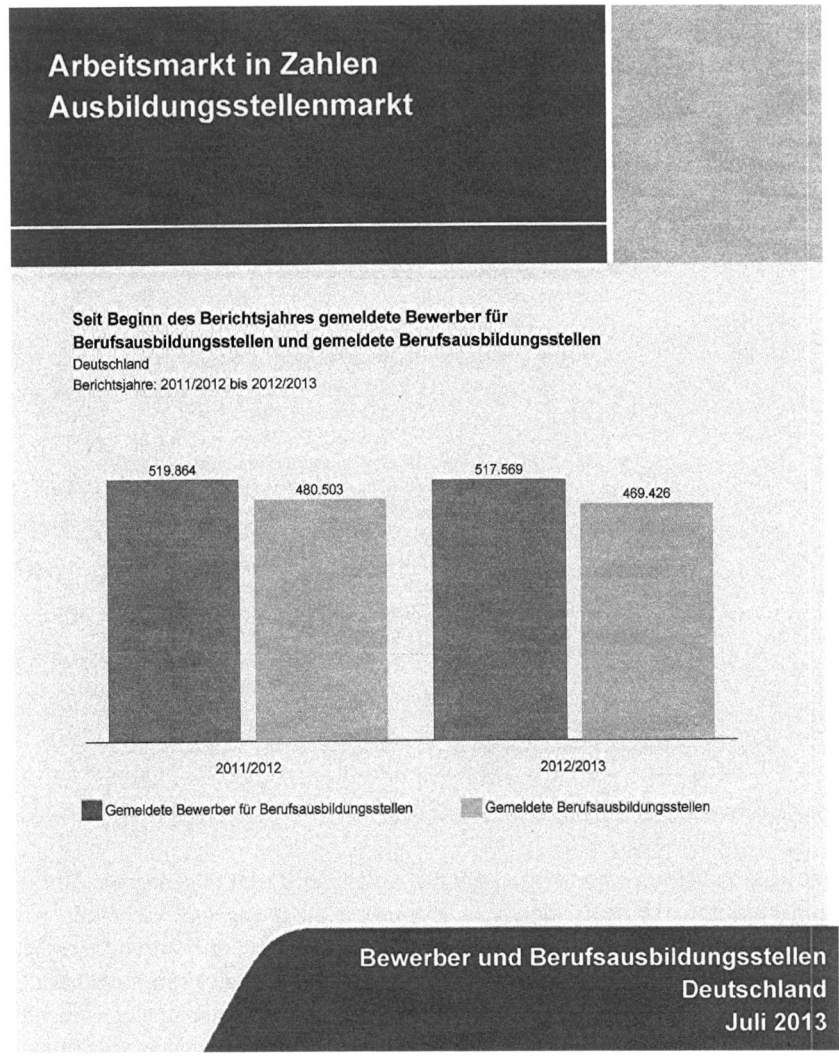

Quelle: Bundesagentur für Arbeit 2013 – Internet 39

Laut den Angaben der Bundesagentur für Arbeit vom Juli 2013 gelten diejenigen gemeldeten jungen Erwachsenen als Bewerber für Berufsausbildungsstellen, die im jeweiligen Berichtsjahr und unter der Voraussetzung der persönlichen

Eignung eine individuelle Vermittlung in eine betriebliche Berufsausbildungsstelle eines anerkannten Ausbildungsberufes nach dem Berufsbildungsgesetz (BBIG) anfragen. „Zu den Bewerbern für Berufsausbildungsstellen rechnen auch solche Jugendliche, die für eine Berufsausbildung im dualen System vorgemerkt wurden, sich aber im Zuge ihres individuellen Berufswahlprozesses im Laufe des Berichtsjahres aus unterschiedlichen Gründen für andere Ausbildungs-/Bildungsalternativen (…) entscheiden" (BA-Statistik – Internet 39, S. 27).

Im Bundesvergleich der BA der gemeldeten Berufsausbildungsstellen für das laufende Berichtsjahr zeigt sich anhand der vorgelegten Zahlen die Vorreiterstellung des Großraumes Stuttgart. Mit immerhin 6.095 gemeldeten Ausbildungsstellen im Raum Stuttgart und 2.481 Ausbildungsstellen im Kreis Ludwigsburg, flankiert von 3.593 zur Verfügung stehenden Ausbildungsplätzen in Nagold-Pforzheim und 4.927 im Gebiet von Göppingen wird zudem die Stärke des Bundeslandes Baden-Württemberg durch die dort angesiedelte Großindustrie offensichtlich. Dagegen sind prozentual nur wenige Ausbildungsstellen nicht besetzt, mit ansteigenden Prozentzahlen hin zur Ausbildung und Höherbeschäftigung (vgl. Abb. 11). Diese seit langen Jahren zu beobachtende sehr gute Ausbildungs- und Beschäftigungslage im Großraum Stuttgart war ein ausschlaggebender Aspekt für die regionale Fokussierung zur empirischen Durchführung der Arbeitsprozessanalysen im IT-Sektor dieser Forschungsarbeit.

Abbildung 11: Bewerber für Berufsausbildungsstellen im bundesweiten Agenturvergleich – Berichtsjahr 2012/2013

Bundesagentur für Arbeit
Statistik

Der Ausbildungsstellenmarkt im Juli 2013

6.1 Bewerber für Berufsausbildungsstellen und Berufsausbildungsstellen nach Berufsbereichen und -gruppen (Klassifikation der Berufe 2010)

Deutschland
Berichtsjahr: 2012/2013
Juli 2013

Berufsbereich / Berufsgruppe	Bewerber				Berufsausbildungsstellen				gemeldete Berufsausbildungsstellen je Bewerber		unbesetzte Berufsausbildungsstellen je unversorgter Bewerber	
	gemeldet seit Beginn des Berichtsjahres		darunter unversorgt		gemeldet seit Beginn des Berichtsjahres		darunter unbesetzt					
	Anzahl	Veränd. zum VJ in %	Anzahl	Veränd. zum VJ in %	Anzahl	Veränd. zum VJ in %	Anzahl	Veränd. zum VJ in %	2012/ 2013	2011/ 2012	2012/ 2013	2011/ 2012
	1	2	3	4	5	6	7	8	9	10	11	12
342 Klempnerei,Sanitär,Heizung,Klimatechn	5.741	-0,5	1.591	12,2	10.081	10,4	4.138	11,1	1,76	1,58	2,60	2,63
343 Ver- und Entsorgung	1.853	1,5	526	7,8	2.587	-0,6	842	8,6	1,40	1,43	1,60	1,59
4 Naturwissenschaft, Geografie, Informatik	21.438	9,7	6.157	21,8	17.845	-2,1	4.203	-4,3	0,83	0,93	0,68	0,87
412 Biologie	1.468	10,8	383	37,8	572	-4,7	96	18,5	0,39	0,45	0,25	0,29
413 Chemie	6.190	10,9	1.490	22,3	3.975	0,9	596	-18,4	0,64	0,71	0,40	0,60
414 Physik	510	1,4	116	-14,1	679	-9,9	171	-14,1	1,33	1,50	1,47	1,47
422 Umweltschutztechnik	233	2,2	53	65,6	548	19,1	246	28,1	2,35	2,02	4,64	6,00
431 Informatik	6.527	9,3	1.994	19,3	6.641	0,5	1.534	7,4	1,02	1,11	0,77	0,85
432 IT-Systemanalyse,Anwenderber,IT-Vert	1.077	-1,5	356	18,7	1.600	-12,4	517	-8,8	1,49	1,67	1,45	1,89
434 Softwareentwicklung und Programmieru	5.433	12,1	1.765	24,1	3.830	-5,1	1.043	-12,9	0,70	0,83	0,59	0,84
5 Verkehr, Logistik, Schutz und Sicherheit	27.367	1,4	9.612	14,7	31.734	-1,1	10.741	4,2	1,16	1,19	1,12	1,23
512 Überwachung,WartungVerkehrsinfrastru	339	-4,8	52	-22,4	420	-0,7	54	-29,9	1,24	1,19	1,04	1,15
513 Lagerwirt.,Post,Zustellung,Güterumschl	16.863	0,0	6.280	13,7	16.047	1,0	4.847	16,8	0,95	0,94	0,77	0,75
514 Servicekräfte im Personenverkehr	638	1,8	195	7,1	481	-16,3	265	1,1	0,75	0,92	1,36	1,44
515 Überwachung u. Steuerung Verkehrsbe	140	30,8	40	42,9	505	24,7	349	18,3	3,61	3,79	8,73	10,54
516 Kaufleute - Verkehr und Logistik	3.449	0,9	1.027	13,4	4.597	-6,5	883	-6,7	1,33	1,44	0,86	1,04
521 Fahrzeugführung im Straßenverkehr	2.143	9,1	738	36,9	4.650	-2,3	1.827	-10,0	2,17	2,42	2,48	3,76
522 Fahrzeugführung im Eisenbahnverkehr	481	24,9	154	55,6	720	11,1	458	14,2	1,50	1,68	2,97	4,05
524 Fahrzeugführung im Schiffsverkehr	111	-5,9	24	-25,0	113	-15,7	22	-26,7	1,02	1,14	0,92	0,94
525 Bau- und Transportgeräteführung	310	4,0	84	23,5	438	5,5	205	17,8	1,41	1,39	2,44	2,56
531 Obj.-,Pers.-,Brandschutz,Arbeitssicherh	2.210	4,3	755	6,5	1.872	2,6	728	-5,8	0,85	0,86	0,96	1,09
541 Reinigung	661	-7,3	257	14,2	1.846	-10,6	1.081	-6,6	2,79	2,90	4,21	5,15

Quelle: Bundesagentur für Arbeit 2013 – Internet 39

Abbildung 12: „Berufe im Spiegel der Statistik" – IT-Kernberufe

BERUFE IM SPIEGEL DER STATISTIK — Institut für Arbeitsmarkt- und Berufsforschung — Die Forschungseinrichtung der Bundesagentur für Arbeit — **IAB**

Berufe im Spiegel der Statistik

BIBB Berufsfeld IT-Kernberufe
Bundesgebiet Gesamt

Jahre	1999	2002	2005	2008	2010	2011
Beschäftigte aus-/einblenden						
Beschäftigtenanzahl aus-/einblenden						
Sozialversicherungspfl. Beschäftigte (Anzahl)	363.248	440.284	448.383	490.462	508.745	527.322
Bestandsentwicklung Index (1999=100)	100	121	123	135	140	145
Beschäftigtengruppen aus-/einblenden						
Frauen	20,9	20,3	19,8	18,9	18,5	18,4
Ausländer	3,8	5,1	4,9	5,1	5,3	5,5
Unter 25 Jahre	2,6	4,0	3,9	3,6	3,3	3,3
25 bis unter 35 Jahre	35,4	32,1	26,5	26,4	27,0	27,5
35 bis unter 50 Jahre	49,0	50,5	53,7	51,5	49,1	47,6
50 Jahre und älter	12,9	13,5	15,9	18,4	20,6	21,6
Teilzeit unter 18 Stunden	0,7	0,8	0,9	1,0	1,1	1,0
Teilzeit 18 Stunden und mehr	5,2	4,5	5,1	5,4	5,7	5,9
Ohne abgeschlossene Berufsausbildung	4,9	4,7	4,5	4,0	3,9	3,9
Mit abgeschlossener Berufsausbildung	49,1	46,5	45,8	42,9	42,0	41,3
darunter: mit Abitur	10,7	11,3	11,9	12,1	12,5	12,6
Mit Fachhochschulabschluss	12,1	11,5	11,7	12,3	12,5	12,5
Mit Universitätsabschluss	24,6	23,9	23,5	23,5	23,4	23,6
Berufliche Ausbildung unbekannt	9,3	13,3	14,4	17,3	18,2	18,8

Quelle: Bibb 2013 – Internet 40

Die statistische Betrachtung der IT-Kernberufe im gesamten Bundesgebiet spiegelt mit 527.322 sozialversicherungspflichtigen Arbeitnehmern den steten Trend der weiter steigenden Beschäftigungszahlen in diesem Berufsfeld. Auffällig in der Statistik sind die Angaben zu den Beschäftigungsgruppen, wobei die 50 Jährigen und noch älteren Beschäftigten seit einem Jahrzehnt einen Aufschwung erfahren; in dieser Branche ihr Erfahrungswissen gefragt ist.

Die Beschäftigten unter 25 Jahren, zu denen auch die Auszubildenden zählen, nehmen im dargestellten Zeitraum seit dem Jahre 1999 zahlenmäßig ab und stagnieren bei 3,3 Prozent. Hier fließen dann auch die in der Abbildung 11 dargelegten nicht besetzten Ausbildungsstellen mit ein und zusammen mit der permanent steigenden Zahl der Beschäftigten in der IT/ITK-Branche ohne bekannte Berufsausbildung können Rückschlüsse auf eine mittlerweile nicht mehr der Berufspraxis entsprechenden Ausbildung gezogen werden: Jüngere Menschen absolvieren weniger eine anerkannte Berufsausbildung und ältere Arbeitnehmer versuchen sich mit ihrem Know-how als Quereinsteiger in dieser informationstechnologischen, kommunikationsstarken und medial attraktiven Branche.

Aus diesem Grunde werden im folgenden Kapitel die schulische und die betriebliche Komponente der geltenden Ausbildungsverordnung dargelegt und im Hinblick auf Attraktivität und ob einer effizienten Weiterentwicklung und Weiterbildungsmöglichkeit innerhalb des sich schnell wandelnden Berufsfeldes untersucht.

5.3 Teilbereich der schulischen Komponente

Eine Übersicht der Lernfelder und Zeitrichtwerte der schulischen Rahmenlehrpläne zeigt auf, dass an insgesamt 880 Unterrichtsstunden in drei Jahren, gestaffelt auf 320 im ersten Jahr und je 280 im zweiten und dritten Ausbildungsjahr, kein Weg vorbei führt. Mit Beschluss der Kultusministerkonferenz vom 25. April 1997 wurden elf prüfungsrelevante Lernfelder verabschiedet, deren Inhalte den angehenden Fachkräften der verschiedenen IT-Berufe in der Ausbildungszeit angedacht werden. Die Gewichtung der Lernfelder variiert leicht je Ausbildungsberuf.

5.3.1 Übersicht der Lernfelder und Zeitrichtwerte der schulischen Rahmenlehrpläne

Die zu lehrenden und zu lernenden Fertigkeiten und Kenntnisse der fünf IT-Berufe sind im Ausbildungsrahmenplan des jeweiligen Ausbildungsberufes in der IT-Ausbildungsordnung festgeschrieben. Der Ausbildungsrahmenplan zeigt alle Qualifikationen auf, die während der Ausbildung mindestens behandelt werden müssen.

Der Ausbildungsrahmenplan und die in der Verordnung enthaltene zeitliche Gliederung der Qualifikationen nach Ausbildungsjahren und Zeitrichtwerten stellen die Grundlagen für die Ausbildungspraxis dar.

Ziel des gemeinsamen Rahmenlehrplans der vorgestellten IT-Ausbildungsberufe ist die Förderung von selbständigem Planen, Durchführen, Kontrollieren und Handeln im betrieblichen Gesamtzusammenhang. Das Lehren von Kern- und spezifischen Fachqualifikationen soll dabei die Fähigkeit zum Ausüben der qualifizierten beruflichen Tätigkeiten bewirken.

Die Lerninhalte der schulischen Rahmenlehrpläne sind nach Lernfeldern strukturiert und basieren auf der Prozess- und Projektorientierung mit der Vertiefung kundenorientierter Handlungssituationen, eine wesentliche Neuerung gegenüber der traditionellen, fachbezogenen Beschulung.

Die elf Lernfelder stellen thematische Einheiten dar, die nicht einzeln vorkommen, sondern horizontal und vertikal miteinander verbunden sind. Dieses System vernetzter Lernfelder gibt pädagogische Spielräume frei und erlaubt somit die Einarbeitung zukünftiger Entwicklungen.

Die anhand des fächerübergreifenden und handlungsorientierten Unterrichtsprinzips konzipierten schulischen Rahmenlehrpläne ermöglichen auch eine flächendeckende und weitgehend schultypübergreifende gemeinsame Beschulung, wobei Berufsschulen noch eigenverantwortliche und auf die Regionen bezogene Subkonzeptionen erarbeiten müssen.

Die Ausbildung zum Fachinformatiker/zur Fachinformatikerin erfolgt in einer der beiden Fachrichtungen Anwendungsentwicklung oder Systemintegration. Die Dauer beträgt 3 Jahre und findet ebenfalls im dualen System an zwei Lernorten statt, wobei die Berufsschule auch hier die betriebliche Ausbildung begleitet.

Neben den für alle IT-Berufe gemeinsamen Kernqualifikationen vertiefen die Auszubildenden durch die beiden Fachrichtungen sowohl die Anwendungsentwicklung als auch die Systemintegration. Ihr Können beweisen sie in der ganzheitlichen Abschlussprüfung durch eine Projektarbeit mit Dokumentation und Präsentation derselben.

Das Arbeitsgebiet von Fachinformatikern und Fachinformatikerinnen umfasst hauptsächlich die Umsetzung von fachspezifischen Anforderungen in komplexe Hard- und Softwaresysteme. Dabei analysieren, planen und realisieren sie informations- und telekommunikationstechnische Systeme und führen neue bzw. modifizierte Verfahren der IT-Technik ein. Kunden und allgemeinen Benutzern stehen sie mit fachlicher Beratung, Betreuung und Schulung gegenüber.

Die vorrangigen Arbeitsinhalte beim Fachinformatiker/Fachinformatikerin liegen in komplexen Hard- und Softwaresystemen und kundenspezifischen Lösungen. Deshalb beinhalten die Fachqualifikationen der Fachrichtung Anwendungsentwicklung Fertigkeiten aus der Systementwicklung, Schulung, informations- und kommunikationstechnischen Systemen, kundenspezifischen Anwendungslösungen und Fachaufgaben im Einsatzgebiet wie kaufmännische und technische Systeme und Expertensysteme, mathematisch-wissenschaftliche und Multimedia-Systeme. In der Fachrichtung Systemintegration werden

Kenntnisse der Systementwicklung, Schulung, Systemintegration, Service und Fachaufgaben der Gebiete Rechenzentren, Netzwerke, Client/Server, Fest- und Funknetze gelehrt.

Abbildung 13: Übersicht über die Lernfelder für den Ausbildungsberuf Fachinformatiker/ Fachinformatikerin

Lernfelder	Zeitrichtwerte						
	gesamt		1. Jahr	2. Jahr	3. Jahr		
	St	AE			St	AE	
1. Der Betrieb und sein Umfeld	20	20	20				
2. Geschäftsprozesse und betriebliche Organisationen	40	40	40				
3. Informationsquellen und Arbeitsmethoden	40	40	40				
4. Einfache IT-Systeme	100	100	100				
5. Fachliches Englisch	60	60	20	20	20	20	
6. Entwickeln und Bereitstellen von Anwendungssystemen	220	300	100	80	40	120	
7. Vernetzte IT-Systeme	140	100		100	40		
8. Markt- und Kundenbeziehungen	60	60		40	20	20	
9. Öffentliche Netze, Dienste	40	40		40			
10. Betreuen von IT-Systemen	120	80			120	80	
11. Rechnungswesen und Controlling	40	40			40	40	
Summen	**800**		**320**	**280**	**280**		

St = Fachrichtung Systemintegration   AE = Fachrichtung Anwendungsentwicklung

Quelle: Rahmenlehrpläne laut Beschluss der Kultusministerkonferenz vom 25. April 1997, S. 3

Beim Ausbildungsberuf des IT-System-Elektronikers sind dies Themen über Systemtechnik, Installation, Serviceleistungen, Instandhaltung und Fachaufgaben im Einsatzgebiet (Computersysteme, Fest- und Funknetze, Endgeräte, Sicherheitssysteme), entsprechend den Berufsschwerpunkten wie Planen und Installieren von IT-Systemen, Montage, Wartung und Instandhaltung.

Die Ausbildung zum IT-System-Elektroniker/zur IT-System-Elektronikerin beträgt 3 Jahre und findet im dualen System an zwei Lernorten statt, wobei die Berufsschule die betriebliche Ausbildung begleitet.

Ein modernes System von gemeinsamen Kernqualifikationen und spezifischen Fachqualifikationen bilden einen ganzheitlichen Ansatz zur Förderung von berufsübergreifendem Denken und von Fähigkeiten, das Zusammenwirken der Techniken zu verstehen. Die für den Beruf des IT-Systemelektronikers benötigten Fachinhalte stammen aus Bereichen der Systemtechnik, Installation, Serviceleistung und Instandhaltung. Diese Vielfältigkeit bedingt, dass die Einsatzgebiete für die Auszubildenden in den Betrieben flexibel gestaltet sein müssen. Ob der Auszubildende nun das bereichsübergreifende Denken und Handeln zur Ausübung des Berufes erlernt hat und die gewünschte Qualifikation besitzt, muss bei der abschließenden Prüfung unter anderem durch eine Projektarbeit mit Dokumentation und Präsentation eines betrieblichen Projektes unter Beweis gestellt werden. Damit greift die Prüfung das ganzheitliche Ausbildungskonzept wieder auf.

Die Berufspraxis umfasst die Arbeitsgebiete Planung und Installation von Systemen der Informations- und Kommunikationstechniken mit entsprechenden Geräten, Komponenten und Netzwerken, was sich in ihren beruflichen Fähigkeiten widerspiegelt. So werden Stromversorgungen und Software installiert und die Systeme in Betrieb genommen. Auf den Kunden zugeschnittene Lösungen werden durch die Modifikation von Soft- und Hardware realisiert. Ebenso betreiben sie Fehleranalysen und beheben Störungen, besonders bei Computersystemen, Fest- und Funknetzen, Endgeräten oder Sicherheitssystemen. Letzteres auch im Sinne der Unfallverhütungsvorschriften.

Abbildung 14: Übersicht über die Lernfelder für den Ausbildungsberuf IT-System-Elektroniker/IT-System-Elektronikerin

Lernfelder	Zeitrichtwerte			
	gesamt	1. Jahr	2. Jahr	3. Jahr
1. Der Betrieb und sein Umfeld	20	20		
2. Geschäftsprozesse und betriebliche Organisationen	40	40		
3. Informationsquellen und Arbeitsmethoden	40	40		
4. Einfache IT-Systeme	120	120		
5. Fachliches Englisch	60	20	20	20
6. Entwickeln und Bereitstellen von Anwendungssystemen	160	40	40	80
7. Vernetzte IT-Systeme	180	40	140	4
8. Markt- und Kundenbeziehungen	60		40	20
9. Öffentliche Netze, Dienste	40		40	
10. Betreuen von IT-Systemen	120			120
11. Rechnungswesen und Controlling	40			40
Summen	**800**	**320**	**280**	**280**

Quelle: Rahmenlehrpläne laut Beschluss der Kultusministerkonferenz vom 25. April 1997, S. 3

Da der IT-System-Kaufmann/die IT-System-Kauffrau zentraler Projekt-Ansprechpartner für Kunden sein soll und vertriebsorientiert handeln soll, liegen die zu lehrenden Fachinhalte vor allem in den Bereichen Marketing und Vertrieb, Auftragsbearbeitung und kundenspezifische Systemlösungen. Die Fachaufgaben ergeben sich aus den Branchen- und Standardsystemen, technischen und kaufmännischen Anwendungen sowie aus den Lernsystemen.

Die Ausbildung zum IT-System-Kaufmann/IT-System-Kauffrau beträgt 3 Jahre und findet im dualen System an zwei Lernorten statt; wobei die Berufsschule auch hier die betriebliche Ausbildung unterstützt. Entsprechend den anderen IT-Berufen werden durch ein modernes Verfahren Kern- und Fachqualifikationen gelehrt und dadurch ein berufsübergreifendes Denken und Handeln gefördert, das in der Abschlussprüfung gemessen wird.

Abbildung 15: Übersicht über die Lernfelder für den Ausbildungsberuf IT-System-Kaufmann/IT-System-Kauffrau

Lernfelder	Zeitrichtwerte			
	gesamt	1. Jahr	2. Jahr	3. Jahr
1. Der Betrieb und sein Umfeld	20	20		
2. Geschäftsprozesse und betriebliche Organisationen	80	80		
3. Informationsquellen und Arbeitsmethoden	40	40		
4. Einfache IT-Systeme	80	80		
5. Fachliches Englisch	60	20	20	20
6. Entwickeln und Bereitstellen von Anwendungssystemen	240	80	80	80
7. Vernetzte IT-Systeme	100		60	40
8. Markt- und Kundenbeziehungen	100		40	60
9. Öffentliche Netze, Dienste	40		40	
10. Betreuen von IT-Systemen	40			40
11. Rechnungswesen und Controlling	80		40	40
Summen	**800**	**320**	**280**	**280**

Quelle: Rahmenlehrpläne laut Beschluss der Kultusministerkonferenz vom 25. April 1997, S. 3

Der Arbeitsschwerpunkt eines Informatikkaufmanns/einer Informatikkauffrau besteht in der Koordination und Administration von IT-Systemen beim Anwender. Ebenfalls gehört die Beratung und Schulung eines jeden Kunden zum Aufgabenbereich. Deshalb ist es von großer Wichtigkeit, fachliche Fähigkeiten über die Rahmenbedingungen für den Einsatz von IT-Techniken zu erlangen. Hinzu kommen Kenntnisse über branchenspezifische Leistungen in Industrie und Handel, Banken und Versicherungen und in Krankenhäusern, Projektplanung und Projektdurchführung sowie Informationen über die Beratung und Unterstützung von den eigentlichen Benutzern. Die Ausbildung zum Informatikkaufmann/Informatikkauffrau findet im bewährten dualen System an zwei Lernorten statt, die Berufsschule begleitet die betriebliche Ausbildung. Die Dauer beträgt 3 Jahre. Neben den IT-Berufen gemeinsamen Kernqualifikationen erhalten die Informatikkaufleute spezielles IT-Wissen und vielseitige Branchenkenntnisse, die für die Mittlerfunktion dieser Berufe wichtig sind.

Nach bestandener Abschlussprüfung sind IT-Informatikkaufleute dank ihrer beruflichen Fähigkeiten in den kaufmännisch-betriebswirtschaftlichen Funktionen ihrer Branche tätig wie beispielsweise in Industrie und Handel, bei Banken, Versicherungen und in Krankenhäusern. In diesen Institutionen betreuen und verwalten sie eigene IT-Systeme und arbeiten an deren Weiterentwicklung mit. Weiterhin üben sie eine wichtige Mittlerfunktion zwischen den Anforderungen der einzelnen Fachabteilungen und der Realisierung von IT-Systemen aus.

Abbildung 16: Übersicht über die Lernfelder für den Ausbildungsberuf Informatikkaufmann/Informatikkauffrau

Lernfelder	Zeitrichtwerte			
	gesamt	1. Jahr	2. Jahr	3. Jahr
1. Der Betrieb und sein Umfeld	20	20		
2. Geschäftsprozesse und betriebliche Organisationen	80	80		
3. Informationsquellen und Arbeitsmethoden	40	40		
4. Einfache IT-Systeme	80	80		
5. Fachliches Englisch	60	20	20	20
6. Entwickeln und Bereitstellen von Anwendungssystemen	240	80	80	80
7. Vernetzte IT-Systeme	100		60	40
8. Markt- und Kundenbeziehungen	100		40	60
9. Öffentliche Netze, Dienste	40		40	
10. Betreuen von IT-Systemen	40			40
11. Rechnungswesen und Controlling	80		40	40
Summen	**800**	**320**	**280**	**280**

Quelle: Rahmenlehrpläne laut Beschluss der Kultusministerkonferenz vom 25. April 1997, S. 3

5.4 Teilbereich der betrieblichen Komponente

Für die betriebliche Umsetzung der Ausbildungsinhalte muss der Ausbilder auf der Grundlage des Ausbildungsrahmens für jeden Auszubildenden einen betrieblichen Ausbildungsplan erstellen, der dem tatsächlichen Ausbildungsablauf in dem jeweiligen Ausbildungsbetrieb entspricht. Die vorgeschriebenen Aufgaben und Inhalte müssen entsprechend umgesetzt werden.

Der Leitgedanke „Handlungsorientierung und Praxisbezug" zur Ausbildung in den IT-Berufen wurde durch folgende Festlegungen methodisch umgesetzt:

Fertigkeiten und Kenntnisse gemäß den Ausbildungsrahmenplänen sollen in der Art und Weise gelehrt werden, dass der Auszubildende die Befähigung zur Ausübung einer qualifizierten beruflichen Tätigkeit erlangt, die vor allem das selbständige Planen, Durchführen und Kontrollieren und auch das Handeln im betrieblichen Gesamtzusammenhang einschließt (vgl. § 3 der Verordnung über die Berufsausbildung im Bereich der Informations- und Telekommunikationstechnik – Internet 29).

Diese Verordnung besagt, dass die Ausbildungsinhalte im Zusammenhang mit praxisnahen Arbeitsaufträgen und Arbeitsabläufen gelehrt werden. Wichtige Elemente dabei sind Kunden- und Geschäftsprozessorientierung und Teamarbeit. Ebenso spielt die Projektorientierung eine gewichtige Rolle. So sollen die Auszubildenden in ihrer Berufsausbildung lernen, komplexe Projekte anhand einer ganzheitlichen Auftragserledigung durchzuführen. Mit fortschreitender Ausbildung steigert sich der Komplexitätsgrad der Projekte wie auch der Grad der Selbstständigkeit bei der Aufgabenerledigung (vgl. ebd.).

Die Inhalte der betrieblichen Ausbildung richten sich mit Beginn der Ausbildung ausschließlich nach den betrieblichen Anforderungen. Der Ausbildungsplan enthält somit eine der betrieblichen Aufgabenstruktur gemäßen Gliederung der Ausbildung, eine Zuordnung der zu vermittelten Lernziele zu diesen Ausbildungsabschnitten sowie eine Angabe über die betrieblichen Ausbildungszeiten. Eventuelle überbetriebliche Maßnahmen, Blockschulunterricht und Urlaub sind hierbei geregelt.

In größeren Betrieben werden die betrieblichen Ausbildungsorte der einzelnen Abteilungen mit in den betrieblichen Ausbildungsplan aufgenommen. Ebenso werden sogar die Namen der Ausbildungsverantwortlichen der jeweiligen Abteilung im Plan dokumentiert, was der Absicherung des Auszubildenden dient. Denn oftmals werden gerade sie für zufällig anfallende Arbeiten herangezogen und nicht mit den qualifizierten Arbeiten vertraut gemacht. Meist in kleineren Betrieben, ohne abgrenzende Struktur, kann dieses Phänomen auftreten. Aber auch und gerade hier ist eine Ausbildungsplanung unerlässlich für die Sicherstellung, dass von den Auszubildenden alle benötigten Qualifikationen erworben werden können. Hilfreich können hierbei einfache und übersichtliche Checklisten sein, auf denen ersichtlich ist, welche Inhalte dem Auszubildenden bereits vorgestellt wurden.

5.4.1 Möglichkeit zur Aus- und Weiterbildung im Bereich der Informationstechnologie

Die IT-Branche boomt, die Nachfrage nach IT-Fachkräften stieg in den letzten fünf Jahren permanent und wird weiter anwachsen. Die Aussichten für qualifizierte Fachkräfte im IT-Sektor sind gut, die Anwendungsfelder gestalten sich vielseitiger, die Anforderungen sind demzufolge aber auch gestiegen. Das bedeutet permanente Weiterentwicklung für Qualifizierung und Joberhalt. Gut ausgebildete IT-ler mit dem in Weiterbildung umgesetzten Anspruch, den steigenden beruflichen Anforderungen gerecht werden zu wollen, können positiv in die Zukunft schauen.

Um Facharbeitern und Spezialisten der IT-Branche eine Möglichkeit der Weiterbildung zu geben und ihnen mit dieser Qualifizierung auch eine nächste Stufe auf der Karriereleiter zu ermöglichen, wurde eine branchenspezifische Weiterbildungsordnung eingeführt. Diese arbeitsprozessorientierte Weiterbildung soll den Lernprozess in den Arbeitsprozess integrieren, dabei die vom Lernenden erworbenen Erfahrungen in den Mittelpunkt stellen und somit ein real existierende Arbeitsproblem zum eigentlichen Lerngegenstand machen.

Aufbauend auf den fünf offiziellen IT-Ausbildungsberufen wurde – wie die unten stehende Abbildung zeigt – in Zusammenarbeit mit Vertretern der Arbeitgeber- und Arbeitnehmerseite ein Portfolio von weiteren 29 IT-Spezialistenprofilen erarbeitet, die sechs zentrale Tätigkeitsfelder abdecken wie Softwareentwicklung, Lösungsentwicklung, Lösungsbetreuung, Technik, Entwicklungsbetreuung und Produkt-/Kundenbetreuung.

Abbildung 17: Organigramm des IT-Weiterbildungssystems APO-IT

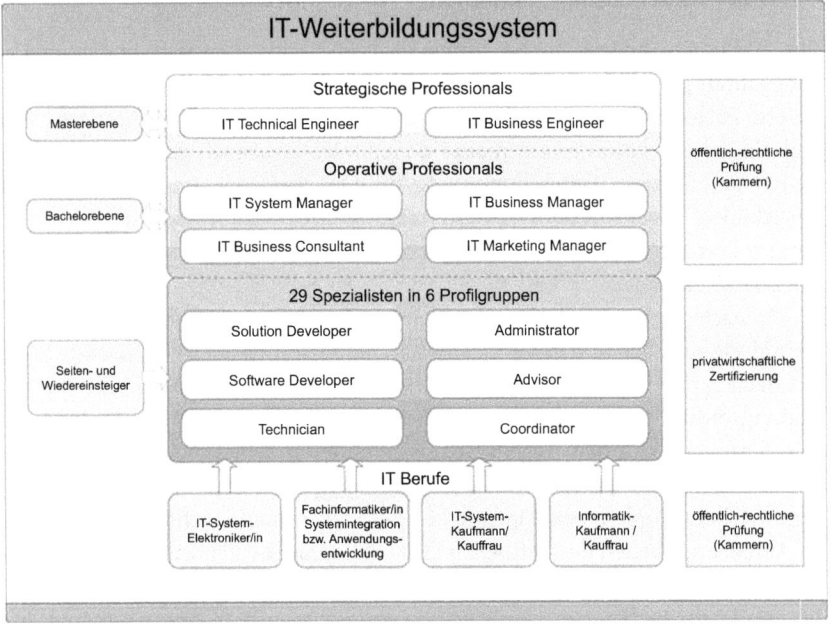

Quelle: kibnet – Internet 25

Die arbeitsprozessorientierte Weiterbildung in der IT-Branche, auch APO-IT genannt, wurde vom Fraunhofer-Institut für Software- und Systemtechnik (ISST) im Auftrag des Bundesministeriums für Bildung und Forschung (BMBF) für eine enge Anbindung des Lernens im Prozess der Arbeit entwickelt und stellt eine Qualifizierung für Arbeitnehmer im IT-Sektor dar. Diese Weiterbildung ist für alle Absolventen der IT-Ausbildungsberufe und für jeden Quereinsteiger geeignet (vgl. kibnet – Internet 25).

Aufgrund der wenigen qualifizierten IT-Spezialisten auf dem Arbeitsmarkt der späten 90er Jahre und der vielfältigen und dabei sehr undurchsichtigen Weiterbildungsangebote in dieser Branche wurde die Neustrukturierung durch das BIBB angeregt und gemeinsam mit Partnern wie ISST und GAB Umsetzungsmöglichkeiten konzipiert (vgl. GAB-München – Internet 7).

Beim Durchlauf dieser Weiterbildungsmaßnahme agiert der Lernende schwerpunktmäßig selbstgesteuert. Praxisnahe Arbeitsprojekte müssen selbstständig bearbeitet werden und dabei durch alle erarbeiteten Stufen des Weiterbildungssystems laufen. „Durch die Bearbeitung und die dafür nötige zeitnahe Erarbeitung von Wissen, Können und Fähigkeiten erwerben sie sich die entsprechenden Kompetenzen. Damit aus dieser Arbeit aber auch tatsächlich Kompetenzzuwachs entsteht, wird dieser Prozess systematisch begleitet und gesteuert" (GAB-München – Internet 7), wobei die unterstützende Steuerung über die gesamte Weiterbildungszeit von einem Fachberater übernommen wird. Durch Projektvorgaben und Dokumentationshilfen erfolgt eine Begleitung des Qualifizierungsprozesses bis zur Zertifizierung der Lernenden.

Die Kernelemente dieser IT-Weiterbildung proklamieren sich in der Integration von Lernen und Arbeiten anhand betrieblicher Projekte, durch die weitgehende Selbststeuerung und Reflexion des Lernens, durch die Dokumentation des eigenen Handelns des lernenden Teilnehmers als auch dessen Projekterfahrung. Die beiden letztgenannten Aspekte dienen dem weiteren Reflexionsanreiz und einer erfolgreichen Personenzertifizierung (vgl. Mattauch – Internet 8).

Die Diskussionsleitfäden um das Lebenslange Lernen befürworten eine „abstrahierte Akteurs- oder Subjektperspektive kontinuierlichen Lernens in der Lebensspanne. Ihr folgend ist es nur konsequent, wenn im Hinblick auf das selbsttätige Bildungssubjekt ein weiter Bildungsbegriff zugrunde gelegt wird. Dieser bezieht das informelle Lernen und die lebensimplizite Erfahrungstätigkeit einschließlich der prozessorientierten Entwicklung von Problemlösungs- und Handlungskompetenz in betrieblichen Arbeitsvorgängen ein" (Dehnbostel 2001b, S. 180).

Dieser neue Weg des Lebenslangen Lernens in der Berufsbildung durch Kompetenzerweiterung und Kompetenzbewertung anhand einer qualifizierenden und zertifizierten IT-Weiterbildung bietet den Vorteil, dass zum einen die erlangten Kompetenzen anerkannt und die zu erlangenden Abschlüsse standardisiert werden können. Damit erhalten sowohl Arbeitnehmer als auch Vorgesetzte Kenntnis über den Stand der vorhandenen IT-Kompetenzen der IT-Fachkraft.

Die Karrieremöglichkeiten für IT-Fachkräfte durch eine IT-Weiterbildung zeigen sich in einer miteinander verbundenen horizontalen und vertikalen Kompetenzentwicklung. Neben der Qualifizierung im eigenen oder angrenzenden Fachgebiet, besteht die Möglichkeit des Aufstiegs in Abteilung oder Unternehmen.

Zusammenfassend wird damit zwar die Personenzertifizierung in der gewünschten Wechselbeziehung zur arbeitsprozessorientierten Weiterbildung strukturiert, dennoch werden auch Grenzen sichtbar, gerade hinsichtlich der Tragfähigkeit dieses Weiterbildungssystems in den schnellen Innovationszyklen der IT-Branche. Und es bleiben Fragen offen wie die des angepassten und fortlaufenden Kompetenzerwerbs im Anschluss an die berufliche Erstausbildung.

6 „Theorie des unbekannten Wissens" im IT-Sektor

Das Lernen im Prozess der Arbeit gewinnt an Bedeutung. Dahinter steckt ein Bündel an Lernmethoden: Lernen durch Nachahmen, durch Erschließung neuer Wissensquellen und durch beiläufiges oder bewusstes Aneignen von Erfahrungswissen. Neue Lösungsansätze auszuprobieren und ihren Nutzen zu bewerten, ist mittlerweile unverzichtbar.

6.1 Theoretische Aspekte des unbekannten Wissens

Der lernpsychologische Diskurs im Rahmen der Ermöglichungsdidaktik zeigt Wege für Lernende auf, entsprechend den Anforderungen und Notwendigkeiten sinnvoll zu neuem Wissen zu gelangen. Es differenzieren sich verschiedene Formen des Wissen, die wiederum verschiedene Themenbereiche unter einer großen Anzahl von Kategorien tangieren. Aufgrund der großen Bedeutung für eine Vielzahl von Wissenskategorien ist die von Polanyi vorgenommene Unterscheidung von implizitem und explizitem Wissen hervorzuheben (vgl. Polanyi 1985). Die Unterscheidung dieser beiden Wissensformen liegt in den bewusst und unbewusst zur Verfügung stehenden Wissensinhalten eines jeden Individuums. Während beim expliziten Wissen das Wissen sprachlich formuliert werden kann, verhält es sich beim impliziten Wissen konträr. Aufgrund nicht vorhandener, explizit formulierbarer Wissensinhalte nimmt genau dieses implizite Wissen auch in der Forschung eine zunehmend wichtigere Rolle ein.

Wissen dient als positiv geltendes Differenzierungsmerkmal. Dennoch stößt auch professionelles Handeln an seine Wissensgrenzen. So impliziert der Umgang mit Wissen auch immer den Umgang mit Nichtwissen, kategorisiert in eine Dimension des unbekannten Wissens. Die folgende Darstellung der 2×2-Matrix spaltet das Wissen in Wissen und Unwissen, zusätzlich wird dieses Wissen auf einer Metaebenen nochmals in *unbekanntes* und *bekanntes Wissen* unterteilt.

Abbildung 18: 2×2-Matrix: bekanntes/unbekanntes Wissen

	Wissen (bekanntes)	Unwissen (unbekanntes)
bekanntes	bekanntes **Wissen**	bekanntes **Unwissen**
unbekanntes	unbekanntes **Wissen**	unbekanntes **Unwissen**

Quelle: vgl. Internet 42

„Dafür, dass wir angeblich in einer Wissensgesellschaft leben, ist in jüngster Zeit auffallend viel vom Nichtwissen die Rede. In zahlreichen sozial- und kulturwissenschaftlichen Disziplinen ist seit einigen Jahren eine intensive Beschäftigung mit Nichtwissen zu beobachten, die auch von US-amerikanischen Wissenschaftlern wie Cynthia Townley ‚A Defense of Ignorance. Its Value for Knowers and Roles in Feminist and Social Epistemologies' und Casey High, Ann H. Kelly und Jonathan Mair ‚The Anthropology of Ignorance. An Ethnographic Approach' begleitet wird" (Wehling 2013 – Internet 51).

Führend im Bereich der Nichtwissenskulturen, haben Böschen, Soentgen und Wehling als Forscher der Universität Augsburg Analysen zum Umgang mit Nichtwissen im Spannungsfeld von epistemischen Kulturen und gesellschaftlichen Gestaltungsöffentlichkeiten durchgeführt. Im Mittelpunkt des Interesses steht die Frage, welche unterschiedlichen Reaktionsformen und (innovativen) Perspektiven sich erkennen lassen und wie sie für die Erhöhung des Reflexionspotenzials der Wissenschaft im Umgang mit Nichtwissen sowie für die Gestaltung des Verhältnisses von Wissenschaft und Gesellschaft genutzt werden können (vgl. Böschen/Soentgen/Wehling 2014 – Internet 51).

Wehling selbst spricht von einer idealtypischen Unterscheidung zweier Formen der Verknüpfung und wechselseitiger Steigerung von Wissen und Nichtwissen. „Zum einen nimmt Nichtwissen als *nicht intendierte* Folge der wissenschaftlichen Wissensdynamik zu, zum anderen wächst gleichzeitig die Bedeutung von Formen des *bewussten* und *gewollten* Nichtwissens" (Wehling 2013 – Internet 52).

„Es lassen sich (mindestens) drei Problemzusammenhänge unterscheiden, in denen eine Aufwertung des intentionalen Nichtwissens als Abwehr von zu viel Wissen ist zu beobachten: Es ist kaum mehr zu übersehen, dass die Masse an Informationen und Wissen, die heutzutage vor allem durch die digitalen Medien prinzipiell verfügbar ist, weder vom Einzelnen noch von Organisationen und Institutionen wirklich verarbeitet werden kann. So gesehen steigert Wissenswachstum nur die Menge dessen, was nicht mehr bewältigt werden kann. Hinzu kommt: Wissen und Informationen zu verarbeiten, bindet Aufmerksamkeit und kostet überdies Zeit und Geld, die dann an anderer, möglicherweise wichtigerer Stelle fehlen. Es ist daher kein Zufall, dass seit einiger Zeit gerade im Wissensmanagement von Organisationen und Unternehmen unter Stichworten wie ‚intelligente Wissensabwehr', ‚positive Ignoranz' und ‚Nichtwissen als Erfolgsfaktor' Praktiken des Ignorierens und der bewusst selektiven Informationsaufnahme propagiert werden. Zwar sieht sich das Plädoyer für positive Ignoranz mit der Schwierigkeit konfrontiert, schon im Voraus, ohne bereits alles zur Kenntnis genommen zu haben, beurteilen zu müssen, was man wissen sollte und was man ohne nachteilige Folgen ignorieren kann. Dennoch wird angesichts weiter wachsender Datenmengen die paradoxe Fähigkeit, zu wissen, was man nicht zu wissen braucht, immer wichtiger werden" (Wehling 2013 – Internet 52).

In dem Gegenüberstellen von Nichtwissen und vorhandenen Wissen gewinnt die Ignoranz in ihrer Bedeutung als Unwissenheit und Unkenntnis in der modernen Informationsgesellschaft eine neue Ausrichtung. Rott unterscheidet zwischen Ignoranz als Disposition und Ignoranz als Episode, die ein partikulares Vorkommen von Nichtwissen unter einer zeitlichen Begrenzung meint (vgl. Rott 2008). Wenn aus diesem eher unbewussten Nichtwissen ein bewusst wahrgenommener Mangel wird, ist eine Person bestrebt, diesen Mangel auszugleichen, diese Wissenslücke mit neuem Wissen zu füllen.

Das Management mit dem unbekannten Wissen zeigt sich deutlich in der neuen und modernen IT-Branche. Durch die permanenten technologischen und strukturellen Veränderungen in der Arbeitswelt der Informationstechnologie wachsen die Anforderungen an die Beschäftigten. Um diesen Anforderungen gerecht zu werden, wird ein kontinuierlicher Wissenserwerb erforderlich, wobei bisheriges Wissen neues Wissen generiert. In einem technologisch und informationstechnologisch orientierten Beruf ist üblicherweise von den beiden Wissensfeldern auszugehen, dem Faktenwissen in Form von physikalisch-technischen Grundlagen und dem Wissen um technologische (mechanisch + informatorisch) Vorgänge und Systeme, ihre ökonomische, ökologische und humane Wirkungen.

Während der schulischen Ausbildung werden unumstößliche Grundlagen und Grundzusammenhänge gelehrt und gelernt. Im Laufe eines Berufslebens ist der Wissenszuwachs beim Faktenwissen nicht besonders hoch, so dass hier Fortbildungsmaßnahmen kleiner Schritte in größeren Zeitabständen durchaus vertretbar sind.

Anders stellt sich dies dar beim Wissen um technologische Vorgänge und Systeme. Hier liegen die großen Innovationen und das berufliche Wissen steigt exponential. Soll in diesem Bereich der Wissenszuwachs über berufliche Fortbildungen aufgefangen werden, dann ist das ein enormes Kosten- und Zeitproblem.

Abbildung 19: Unbekanntes Wissen

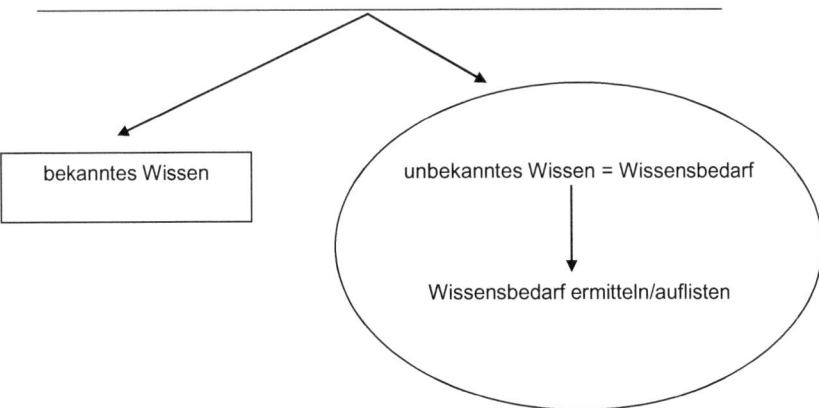

Quelle: Eigene Darstellung 2010

Um eine qualitative Effektivierung in der beruflichen Fort- und Weiterbildung technisch orientierter Berufe zu erlangen, ist es das Ziel, das Lernen nicht standardmäßig an Unternehmen anzudocken, sondern vielmehr ein hochadaptives Lernkonzept in Form einer Lernstrategie zu entwickeln.

Ausgehend von der Erfahrung, dass Mitarbeiter vom Lehrplan abweichendes Können beherrschen und anderes, darüber hinaus gehendes Wissen besitzen, werden die bestehenden Wissenszusammenhänge im Unternehmen aufgezeigt und das unbekannte Wissen ermittelt.

Hierfür wird in einem ersten Schritt das Arbeitsprozesswissen zuerst theoretisch beleuchtet und im Anschluss in den handlungsstrategischen Kontext von Wettbewerbsfähigkeit und Innovationen gesetzt.

6.2 Arbeitsprozesswissen in der beruflichen Praxis

Spöttl bezeichnet das Arbeitsprozesswissen als „die Determinante für kompetente Facharbeit, es ist direkt handlungsleitend und eng an den Kontext beruflicher Facharbeit gebunden. Die Berufsbildung ist auf die Erschließung dieses Wissens angewiesen, um didaktische Konzepte und Lehr-/Lernsituationen entwickeln zu können, welche die Entwicklung der arbeitsprozessbezogenen Kompetenzen unterstützt" (Becker/Spöttl 2008, S. 110).

Das Arbeitsprozesswissen ist ein praktisches Wissen und entsteht durch die von einer Fachkraft während eines beruflichen Arbeitsprozesses erlangte

Erfahrung. „Die Berufswissenschaft zeigt, dass durch die Verknüpfung systemischen Wissens, das zum überwiegenden Teil in formalen Lernprozessen erworben wird, mit dem Erfahrungslernen am Arbeitsplatz das entscheidende Arbeitsprozesswissen entsteht, welches die Wissensbasis für Handlungskompetenz im Beruf darstellt. In empirischen Untersuchungen wurde deutlich, dass sich Erfahrungslernen am Arbeitsplatz dadurch auszeichnet, dass es mit den unter formalen Bedingungen gelernten Inhalten verknüpft wird" (Blings/Spöttl 2011, S. 11). Diese Form des Wissens wird also nicht nur aktiv und selbstständig erworben, sondern auch während der alltäglichen Bewältigung beruflicher Ausgabenstellungen benötigt und angewendet. Dabei umfasst das Arbeitsprozesswissen den gesamten formalen Arbeitsablauf, von der Vorbereitung und Planung, über die Durchführung bis hin zur endgültigen Problem- und Aufgabenlösung.

Martin Fischer bezeichnet folgende Merkmale für das Arbeitsprozesswissen:

„– Arbeitsprozesswissen wird im Unterschied zu fachsystematischen Kenntnissen unmittelbar im Arbeitsprozess angewendet;
- Arbeitsprozesswissen wird in der Regel während des Beschäftigungsvorganges selbst erworben, z. B. durch Erfahrungslernen, was aber die Verwendung fachtheoretischer Kenntnisse nicht ausschließen muss;
- Arbeitsprozesswissen erstreckt sich auf den gesamten Arbeitsprozess (Zielsetzung, Planung, Durchführung und Bewertung)" (Fischer 2000, S. 121).

Das Arbeitsprozesswissen aus beruflicher Perspektive und Praxissicht sowie in seiner Bedeutung für die Berufsbildungsforschung zeigt Felix Rauner auch bildlich auf. „Der berufswissenschaftlichen Forschung kommt in der Berufsbildungsforschung eine zentrale Bedeutung zu, da hier eine Auseinandersetzung mit den Inhalten und Formen der beruflichen Bildung auf der Basis konkreter Berufe und Berufsfelder geschieht" (Rauner 2005, S. 15).

Wichtigste Kategorie für die Berufsausbildung als Befähigung zur Mitgestaltung der Arbeitswelt ist das Arbeitsprozesswissen, das als Zusammenhang von praktischem und theoretischem Wissen verstanden wird.

„Das praktische Arbeitsprozesswissen ist gekennzeichnet von der Bewältigung unvorhergesehener Arbeitsaufgaben auf der Grundlage des prinzipiell unvollständigen Wissens (Wissenslücke). Daraus erwächst eine Metakompetenz, die zum Umgang mit nicht-deterministischen Arbeitssituationen befähigt" (Rauner 2004, S. 19).

Abbildung 20: Arbeitsprozesswissen als der Zusammenhang von praktischem und theoretischem Wissen/von subjektivem und objektivem Wissen

Quelle: Fischer/Rauner 2002, S. 34 ff.

Das Arbeitsprozesswissen beinhaltet die Kenntnisse und Fähigkeiten von Arbeitnehmern, die in einem vollständigen Arbeitsprozess erworben werden und auch zur Anwendung kommen, also der Zusammenhang von praktischem und theoretischem Wissen.

Das Arbeitsprozesswissen, gedacht als didaktisches Zentrum für Bildung und Qualifizierung, weist verschiedene Dimensionen auf. So konstituiert sich das Arbeitsprozesswissen aus dem explizierten impliziten und dem verborgen bleibenden impliziten Wissen aufgrund der arbeitspsychologisch vorgenommenen Unterscheidung. In seinen diversen Bezeichnungen auch als praktisches Wissen, als Erfahrungswissen oder einfach als Können, verweist Neuweg auf die Diskrepanz zwischen Wissen und Können und deklariert im Rahmen des „Theorie-Praxis-Problems", dass Wissensexperten nicht gleichzeitig auch Handlungsexperten sein müssen. Für Neuweg ist implizites Wissen eindeutig das Wissen des Könners, dessen Denken im Handeln umgesetzt und angewendet wird, sich nicht aber anhand interner Handlungsregeln zeigt. Für Rauner ist das Arbeitsprozesswissen so genanntes praktisches Wissen, das er mit einem gleichen Anteil theoretischem Wissen ergänzt und somit Arbeitsprozesswissen als einen Zusammenhang beider Wissensformen charakterisiert. Handlungsreflektierendes Wissen mündet somit in ein handlungsorientiertes Aneignen von Inhalten und Informationen unter fachwissenschaftlichen Gesichtspunkten samt seinen zu verantwortenden Möglichkeiten, Chancen und Grenzen (vgl. Lehberger 2013, S. 66).

Arbeitsprozesswissen entsteht aus beruflichen Handlungssituationen heraus und stellt nach den Ausführungen Fischers „die Störung, das unvorhergesehene Ereignis, die neuartige Problemstellung, der genuine Ausgangspunkt der Aktivierung und Aneignung" dar (Lehberger 2013, S. 73). Dies Postulat stützt sich lerntheoretisch auf Konzepte des „situated learning" nach Lave/Wenger und deren Forschungen über das Lernen in situativen Kontexten (vgl. Lehberger 2013, S. 74). Auch Dehnbostel befürwortet das Lernen im realen Arbeitsprozess, für ihn ist „das Fehlen eines zweckrationalen Schemas gleichsam eine notwendige Voraussetzung für das Aneignen von Arbeitsprozesswissen und damit für das ‚Lernen im realen Arbeitsprozess'" (Lehberger 2013, S. 74).

6.3 Der Innovationsbegriff

Innovationen generieren neuen Input für die Gestaltung und Sicherung zukünftiger Handlungs- und Arbeitsfelder. Dies erfolgt permanent und dennoch in Zyklusphasen, denn „der Innovationsprozess ist in der Praxis kein linearer Prozess, sondern durch Wechselwirkungen zwischen den einzelnen Phasen gekennzeichnet" (Ili 2010, S. 23).

Die terminologische Bedeutung von Innovation kommt von Er-Neuerung und wird als Begriff heutzutage in inflationären Zügen verwendet, denn der Begriff klingt nicht nur modern, sondern symbolisiert Dynamik und Zukunftsperspektive. Neue Ideen und Erfindungen samt deren auf dem Markt erfolgreiche Umsetzungen in neue Produkte, Verfahren und Prozesse stehen dahinter, die das gesamte Leben, beruflich wie privat, betreffen. Aus dieser Bandbreite heraus existieren eine Vielzahl von Definitionen des Begriffs, die das Merkmal des Neuen in den Mittelpunkt stellen.

Ein erster Vertreter für eine wissenschaftliche Beschreibung des Begriffs der Innovation war der österreichische Wirtschaftswissenschaftler Joseph Schumpeter, auf den folgende Definition zurückgeht: „Das Wesen einer Innovation ist die Durchsetzung neuer (Faktor-) Kombinationen, die allerdings diskontinuierlich auftritt und nicht stetig erfolgt" (Ili 2010, S. 24). Durch die erstmalige Betrachtung des technologischen Wandels im Zusammenhang mit wirtschaftlichen Parametern legte er den Grundstein des heutigen Diskurs' über Innovationen. So sind für Weule „Innovationen qualitativ neuartige Produkte oder Verfahren, die am Markt oder im Unternehmen eingeführt werden, um die Bedürfnisse von internen oder externen Kunden zu befriedigen und die Unternehmensziele zu erreichen" (Ili 2010, S. 24). Grupp stellt in seiner Begriffsbestimmung die Realisierung und erfolgreiche Umsetzung stärker in den Vordergrund. „Innovationen sind realisierte Ideen, die von einem Unternehmen als erstes aus der Forschung und Entwicklung in ein auf dem Markt eingeführtes Produkt umgesetzt werden" (Ili 2010, S. 24). Hauschildt dagegen sieht die Innovation umfassender und integriert sowohl berufliches als auch privates Umfeld des Menschen. „Innovationen sind im Ergebnis neuartige Produkte oder Verfahren, die sich gegenüber dem vorgegebenen Zustand merklich […] unterscheiden. Diese Neuartigkeit muss wahrgenommen werden, muss bewusst werden. Die Neuartigkeit besteht darin, dass Zwecke und Mittel in einer bisher nicht bekannten Form verknüpft werden" (Ili 2010, S. 24). Ebenso gibt es heutzutage eine enorme Reihe von Klassifizierungen des Innovationsbegriffs mit Kategorien von technischer zur sozialen Innovation, die nach Art ihrer Entstehung als geschlossene oder offene Innovation bezeichnet werden. Im Kontext von offenen Innovationen, den Open Innovations, werden durch methodische Verfahren neue Ideen und Technologien identifiziert, die einen Erkenntnisgewinn signalisieren und damit zu einer eindeutigen Abgrenzung und Vorteilshaltung gegenüber der Konkurrenz führen.

Nach der Definition von Warnecke bedeutet Innovation „neue Produkte, neue Leistungsangebote, neues Führungsverhalten, neue Strukturen und Abläufe in den Unternehmen" (Warnecke 2003, S. 1). Das Innovationsgeschehen für Führungskräfte und Belegschaft ist so umfassend, dass es keine einheitlichen Umsetzungsstrategien gibt. Allerdings liegt ein hoher Stellenwert bei explorativer Aufgeschlossenheit dem Neuen gegenüber, der Bereitschaft für Veränderungen und bei permanenter Weiterbildung aller im Unternehmen Beschäftigter für innovative Verfahren. Die Wechselwirkung von Beschäftigung und Innovation wird wichtiger und im gesellschaftlichen Geflecht präsenter wahrgenommen. „Immer mehr wird uns bewusst, dass wir nur durch Innovation – oder Reformen – den Strukturwandel von der Industriegesellschaft in die Informationsgesellschaft bewältigen können" (Warnecke 2003, S. 1).

Unsere Gesellschaft befindet sich inmitten eines Strukturwandels. In Arbeits- und Freizeitsystemen noch mit Methoden und Verfahren des auslaufenden Industriezeitalters verwurzelt, wird sich bemüht, die zukünftigen Anforderungen und das Geschehen von Morgen zu gestalten. Gleichzeitig gibt es kein nochmaliges Zeitfenster von gut einhundert Jahren zur Verbesserung und Anpassung des Lebens und der Arbeit im Informationszeitalter. Deshalb gewinnt das Thema der Selbstständigkeit eine immer wichtigere Rolle (vgl. Warnecke 2003, S. 9). Selbstständigkeit in Informationsaufnahme und Informationsumsetzung. Das bedingt eine Kompetenz der Wahrnehmung von Informationen aus dem privaten und beruflichen Umfeld. „Wir sind alle Technologen – jeder, der irgendeine Fertigkeit beherrscht und dafür Werkzeuge, seien es Bleistifte oder Personal Computers, Werkzeugmaschinen oder Video-Bildschirme, benutzt. Ob als Lehrer, Auto-Designer, Erbauer von Fabriken oder Ersteller von Finanzplänen, ob wir bei unseren Aufgaben Sprachlabors oder Laserstrahlen benutzen, wir partizipieren an der Technologie unseres Zeitalters" (Foster 2006, S. 25).

Der Begriff der Innovation ist zu einem Modewort geworden, das mittlerweile durch vielerlei Bedeutungen geprägt ist. Aus Sicht der Innovationsforscher wird unter dem Begriff der Innovation zusammenfassend der wirtschaftliche Aspekt von der Einführung neuer Produkte, Produktionsverfahren und Organisationsformen verstanden.

Während historische Vorstellungen davon ausgingen, dass für einen erfolgreichen Innovationsprozess stets Forschung und Entwicklung (F&E) im Vorfeld betrieben werden müsste, zeigen neue Erkenntnisse, dass Innovation vor allem aus dem immensen Wissensbestand, beispielsweise eines Wirtschaftsunternehmens, hervorgeht. „Allerdings müssen die Unternehmen aufpassen: Der Umschlag des Wissens wird kürzer im Verhältnis zu einer Berufsspanne, Wissen veraltet, verliert an Wert und muss daher abgeschrieben und immer wieder erneuert werden" (Grupp 2008, S. 15).

Innovative Prozesse werden nicht aufgrund von Verordnungen angeschoben und umgesetzt, sondern entstammen der Neugierde, der Kreativität und der Risikobereitschaft, Neuerungen zu wagen. Deshalb steht der Mitarbeiter im Mittelpunkt, ob einfacher Arbeiter, Manager oder verantwortliche Führungskraft. Es gilt, ein angenehmes Betriebsklima und eine Unternehmenskultur zu schaffen, in denen sich Neugierde, Experimentierfreude, Kreativität und Qualifikation bei jedem einzelnen Mitarbeiter ganz individuell entfalten können. Rückschließend bietet ein innovativer Arbeitsbereich im Unternehmen den Beschäftigten auch die berufliche Plattform für Erkenntnisgewinnung und kreative Problemlöseverfahren. „Das Thema der Qualifikation sollte auch in den Unternehmen einen hohen Stellenwert besitzen. Nur eine qualifizierte Belegschaft kann Strukturwandel und Innovation voranbringen und durchsetzen. Dabei ist heute nicht so sehr Faktenwissen gefragt, sondern das Denken in Zusammenhängen und das Beherrschen von Methoden, da sich die Anforderungen und die Berufsbilder rasch wandeln" (Warnecke 2003, S. 6).

Ebenso ist der Wissenschaftsbereich von Innovationen geprägt, die in Ausbildungskonzepten aufgenommen, konzipiert und umgesetzt werden müssen. „Knappe fossile Brennstoffe und rationierte Energieressourcen sind vermutlich die größten Einflussfaktoren auf Wissenschaft und Technik – momentan und zukünftig. Reformen werden die Wissensmärkte beflügeln. Neues wird an den Grenzen herkömmlicher Disziplinen entstehen. (…) Damit steht auch die Aus- und Weiterbildung vor neuen Herausforderungen. An Hochschulen und anderen Ausbildungsstätten werden sich die Strukturen weiter verändern müssen; das Ausbildungspersonal selbst muss seine Kompetenzen überprüfen, um den neuen Anforderungen gerecht zu werden. Die Fähigkeit zu interdisziplinärem Lernen wird stärker in den Vordergrund treten. (…) In der Ausbildung der Menschen liegt unser Kapital für die Zukunft" (Grupp 2008, S. 19).

Diese Ausführungen bedeuten und belegen, dass herkömmliche, nicht mehr greifende Lernstrukturen korrigiert, umstrukturiert und in selbstständige Lernprozesse umorganisiert werden müssen. Das forschende, neu zu entdeckende und kreative Suchen nach Lösungswegen wird relevant.

7 Empirische Untersuchung zu bekannten und unbekannten Wissenszusammenhängen

Um der Intention dieser Forschungsarbeit folgend die bestehenden Wissenszusammenhänge der Mitarbeiter im Unternehmen untersuchen und das unbekannte Wissen ermitteln zu können, wird in aufeinanderfolgenden Schritten das Arbeitsprozesswissen anhand von Arbeitsprozessanalysen theoretisch und danach in der praktischen Umsetzung im Bereich der IT-Ausbildungsberufe beleuchtet. Das Herausarbeiten des Arbeitsprozesswissens durch Arbeitsprozessanalysen folgt den fünf nacheinander zu durchlaufenden Abschnitten: Auswahl von Arbeitsprozessen, Analyse der Gegebenheiten. Festlegen und Ausformulierung der vorläufigen Fragestellungen, vorbereitende Maßnahmen zur Untersuchung und schließlich die Durchführung und Auswertung der Untersuchung (vgl. Becker/Spöttl 2008, S. 107).

7.1 Einordnung der empirischen Untersuchung

Die Unternehmen der Informationstechnologie bewegen sich momentan auf schwierigem Terrain, denn permanente Innovationen und ein harter, internationaler Wettbewerb bestimmen das Umfeld. Gerade die Anbieter von IT-Systemen gestalten durch ihre Angebote die Informationsgesellschaft mit und müssen sich in den schnell wandelnden Märkten behaupten.

Ebenfalls sehen sich die Anwender von IT-Systemen vor anspruchsvollen Aufgaben. Oftmals bilden moderne Systeme der Datenverarbeitung die Basis für den Erfolg, egal ob Produktionsbetrieb oder Dienstleister. Immer wichtiger dabei wird die Kommunikation zwischen den Unternehmen – weltweit.

Mit den Ausbildungsberufen in der IT-Branche können Unternehmen qualifizierte Fachkräfte für den wettbewerbsrelevanten Bereich heranbilden. Gleichzeitig erhalten junge Menschen damit die Möglichkeit, sich für zukunftsweisende Berufsfelder zu qualifizieren. Dennoch ist eine Diskrepanz zwischen der Übereinstimmung von wohlwollendem Denken und arbeitstechnischem Handeln in der IT-Branche ersichtlich und es scheint kaum eine Kongruenz von Qualifikationsanforderungen und Kompetenzentwicklungen zwischen IT-Ausbildung und IT-Arbeitsmarkt. zu geben Die Wissensunterschiede von Ausbildungswissen und Arbeitsprozesswissen zur Ausführung beruflicher Tätigkeiten im Arbeitsalltag bestehen weiter. Die Integration von neuem Wissen und neuen Trends in die Arbeitswelt hinein ist von dringlicher Wichtigkeit. Es stellt sich deshalb die berechtigte Frage nach der unbekannten Komponente, die zusätzlich zu dem in der schulischen Ausbildung erworbenen Wissen für eine flexible Problemlösung bei der beruflichen Arbeitsbewältigung benötigt wird.

Im Rahmen dieser Dissertation wird der Fragestellung nachgegangen, was das geheime, unbekannte Wissen ist und wie Lernkonzepte gestaltet sein müssen, die das Lernen auf der Basis des unbekannten Wissens unterstützen. Der zweite Schritt soll aufzeigen, wo Lernen andocken muss, damit die Lernenden unterstützt werden, sich unbekanntes Wissen anzueignen.

Die facettenreiche Tätigkeit der IT-Fachkäfte der technisch geprägten Fachgebiete Fachinformatiker Anwendungsentwicklung, Fachinformatiker Systemintegration und IT-System-Elektroniker gestaltet sich im digitalen Zeitalter sehr komplex. Eingesetzt als Allrounder und Teamplayer üben die IT-Experten moderne Berufe ohne Routine aus, der Zeitdruck während der Arbeitsprozesse ist groß und der technische Fortschritt permanent.

Daraus ergibt sich die Frage, über welches noch unbekannte Wissen die IT-Fachkräfte zusätzlich verfügen, um ihre beruflichen Aufgaben auf dem jeweiligen neuesten Stand bewältigen zu können und darüber hinaus stell sich die Frage nach der notwendigen autodidaktischen Weiterbildung.

Zur diesen Forschungszwecken werden Arbeitsprozessanalysen durchgeführt, um nähere Informationen über das geheime Wissen zu erhalten. Als Untersuchungsansatz für diese exemplarische Untersuchung wird die Methode der Arbeitsbeobachtung in Kombination mit halbstrukturierten Fachinterviews gewählt.

7.2 Arbeitsprozessanalysen

Die Erschließung des zu erforschenden Arbeitsprozesswissens erfolgt durch tiefgreifende Analysen, den berufswissenschaftlichen Arbeitsprozessanalysen, und dient der Entwicklung beruflicher Handlungskompetenzen.

Die Arbeitsprozessanalyse zeigt den inhaltlichen Kontext beruflicher Arbeit einer Person an deren eigenem Arbeitsplatz auf und kennzeichnet sowohl das praktische als auch das theoretische Wissen zur Ausarbeitung der gestellten Aufgaben. Von Bedeutung ist dabei eine subjektbezogene Fokussierung auf das prozessorientierte Wissen einer im Arbeitsprozess tätigen Person. Denn nur auf diesem Wege können Aussagen über die der arbeitenden Person zur Verfügung stehenden beruflichen Kompetenzen und über sein geheimes Arbeitswissen getroffen werden.

Arbeitsbeobachtungen und halbstrukturierte Fachinterviews als Methoden für das in der beruflichen Arbeit zu hinterfragende Wissen kennzeichnen die

Arbeitsprozessanalysen. Fragen nach der Kompetenz, der Kompetenzentwicklung und nach curricular erworbenen Aspekten geben Hinweise auf das Wissen und Können von Fachkräften, gleichzeitig zeigen diese Fragen im Umkehrschluss noch unbekanntes Wissen auf.

7.3 Erhebungsmethoden

Um das Thema des vorliegenden Forschungsvorhabens aus verschiedenen Perspektiven beleuchten und erschließen zu können, werden als durchzuführende Untersuchungsmethoden das Fachinterview und die Arbeitsbeobachtung als Verfahren der Analyse herangezogen (vgl. Funke/Spering 2006), die bei der Anwendung kombiniert und auf die Entschlüsselung des geheimen Arbeitsprozesswissens hin ausgerichtet werden. „Der Verlauf der Arbeitsprozessanalysen wird überwiegend durch den Arbeitsprozess strukturiert. Der Wissenschaftler versucht sich in die Situation des Facharbeiters einzufühlen und animiert ihn durch entsprechende Fragen und Reaktionen zum ‚lauten Denken' über sein Arbeitshandeln, um zu erfahren, was er gerade tut" (Becker/Spöttl 2008, S. 108). Der Arbeitsprozess selbst und seine Veränderungen sind dabei immer Richtschnur für die tief in das Geschehen eingehende Analyse. Aber auch facharbeiterspezifische Aspekte wie die persönliche Arbeitserfahrung, das Wissen über das eigentliche Arbeitssystem und das Verhältnis von explizitem und implizitem Wissen des Mitarbeiters sind von zentraler Bedeutung und bilden methodische Zugänge für die Informationsbeschaffung und Informationserfassung, die Informationsverarbeitung und Informationsaufbereitung und die darauf folgende Arbeits-, Zeit- und Lernplanung (vgl. Klippert 1994).

7.3.1 Arbeitsbeobachtungen

So wird bei der Arbeitsbeobachtung berufswissenschaftlicher Arbeitsprozessanalysen der Facharbeiter bei der Ausführung seiner Arbeitsaufträge beobachtet, ebenso seine Erfassung der konkreten Arbeitsinhalte und seine Umsetzung in Arbeitsprozesse. Gegenstand der Arbeitsbeobachtungen sind neben dem Arbeitsumfeld und Arbeitsgegebenheiten auch die in Frage kommenden Methoden des Arbeitsprozesses, die betrieblichen Anforderungen an den Mitarbeiter sowie der Umgang mit eventuell im Arbeitsprozess auftretenden Unklarheiten.

7.3.2 Halbstrukturierte Fachinterviews

Die Expertengespräche als halbstrukturierte und handlungsorientierte Fachinterviews erfassen die eigentlichen betrieblichen Arbeitsprozesse, die Arbeitsaufgaben und subjektiven Anforderungen, die durch die Arbeitsausführung zu Tage tretenden Kompetenzen des Facharbeiters und die zu analysierenden Arbeitszusammenhänge samt Arbeitsinhalte. „Das Ziel von geführten Interviews im Rahmen der berufswissenschaftlichen Forschung ist die Klärung und das Ergründen bestimmter Sachverhalte hinsichtlich des Forschungsthemas, wobei der Fachlichkeit der Interviewpartner eine große Bedeutung für die Aussagefähigkeit beigemessen wird. Deshalb ist sowohl eine fachbezogene Interaktion als auch eine fließende Kommunikation zwischen dem Forscher und dem Interviewten wichtig und kann über geschlossene und offene Interviewfragen gesteuert werden" (Mayring 2002, S. 66 f.). Becker/Spöttl nehmen Bezug auf Riedel, der die Notwendigkeit eines Frageschematas für die Unterstützung von Arbeitsstudien hervorhebt. Demnach muss eine „laufende Unterhaltung zwischen dem Analytiker und dem Fachmann" neben der eigentlichen Arbeitsbeobachtung gewährleistet sein (vgl. Becker/Spöttl 2008, S. 100). Berufliche Handlungen und Handlungszusammenhänge im Arbeitsprozess werden durch die handlungsorientierten Fachinterviews untersucht und direkt am Arbeitsplatz durchgeführt.

Während halbstrukturierte Fachinterviews meist entlang eines offen gehaltenen Interviewleitfadens umgesetzt werden, findet der Dialog zwischen der Forscherin und der befragten Fachkraft als handlungsorientiertes Fachgespräch statt, bei dem berufliche Aspekte besprochen und reflektiert werden.

Bei auftretenden Unklarheiten für den die berufliche Handlung Beobachtenden ist ein gezieltes Nachhaken und ständiges Nachfragen notwendig. Denn nur auf diesem Wege können die Absichten und das für den Arbeitsprozess verwendete Wissen der Fachkraft erforscht werden. „Das Hinterfragen (durch Beobachtungen und Interview) gerade dieser (…) kaum standardisierbaren Handlungsabläufe führt zu Erkenntnissen über das Arbeitsprozesswissen, die zur Gestaltung von Lernprozessen in der Berufsbildung genutzt werden können" (Becker 2010, S. 62).

Die Entwicklung des Interview- und Gesprächsleitfadens für die Fachinterviews sowie das Raster der Arbeitsbeobachtungen erfolgen aufgrund des dargelegten Forschungsstandes, der Literaturrecherche und auf der Grundlage der vorgestellten Forschungsfragen.

7.3.3 Dokumentation der Erhebungsergebnisse

Die Datenerhebung bei der qualitativen Forschung erfolgt durch Interaktion von geführten Interviews und Beobachtungen. Die Datenerhebung durch Interviews gibt Einblick in die „Sinndeutungen von Personen" (Kuper 2005, S. 152), die in einem Arbeitsprozess agieren. Das mit einem digitalen Aufnahmegerät aufzuzeichnende Interview ist vom Verlauf her völlig offen, die Erfahrungen und Wahrnehmungen der Interviewten stehen im Mittelpunkt.

Die Datenerhebung mittels Beobachtung wird im alltäglichen Berufsgeschehen durchgeführt, denn nur durch einen „Zugang zum Handeln und den situativen Bedingungen des Handelns, der nicht über Selbstdeutungen der Akteure gebrochen ist" (Kuper 2005, S. 152) können neue Erkenntnisse gewonnen werden.

Möglichkeiten der Kombination von qualitativen und quantitativen Methoden der Datenerhebung und Auswertung sieht Flick als Bereicherung beider Methoden an, die im Zusammenschluss von Mikro- und Makroebene in weitreichenden Erkenntnissen münden (vgl. Flick 2006, S. 16).

Die Erhebung wird dokumentiert und transkribiert. Als Ergebnis der qualitativen Datenaufbereitung liegt eine Arbeitsfassung der Texte vor, die Grundlage der Bearbeitung und Ausgangspunkt der Analyse sein wird (vgl. Kuckartz 2010, S. 57). Dabei dient das von Fricke entwickelte Paradigma zur Qualitätssicherung der Konstruktion und Evaluation von Lehr-Lernumgebungen, und es wird den Blick auf verschiedene Stufen im Prozess der Bewertung neuer Lehr-Lernangebote lenken (vgl. Fricke 2002, S. 445 ff.).

7.4 Durchführung der Erhebung

Für die Erschließung von Arbeitsprozessen ist der direkte Zugang zu den Arbeitsprozessen notwendig, da das Arbeitsprozesswissen nicht allein aus explizitem Wissen hervorgeht. Durch das berufliche Handeln in Arbeitssituationen im Arbeitsalltag zeigt sich die Kompetenz der Fachkräfte. Arbeitsbeobachtungen werden dazu genutzt, um genau dieses Handeln der Facharbeiter zu erfassen, wobei natürlich nur das sichtbare Handeln vom Beobachter erfasst werden kann.

Das implizite Wissen ist immer auch Kennzeichnung für berufliche Kompetenz. Über die Verhaltensbeobachtungen hinaus muss das praktische Wissen in der handelnden Tätigkeit in Augenschein genommen werden.

Um daraus eine objektive Sichtweise zu erhalten, wurden die wahrgenommenen Handlungen hinterfragt. Dabei wurde die Ebene der Vor-Ort-Beobachtungen verlassen und das Fortführen der Studien durch zeitnahe Gespräche und Fachinterviews gewährleistet. Eine Kopplung beider Methoden ergibt eine objektive Wahrnehmung des realen Arbeitsprozesses der IT-Fachkraft (vgl. Flick 2006).

Abbildung 21: Kopplung von Arbeitsbeobachtung und Expertengespräch zur kontextbezogenen Objektivierung von Interpretationen

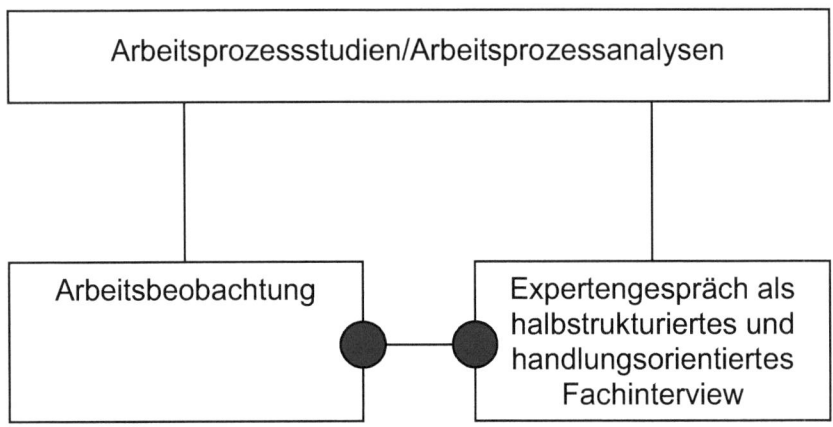

Quelle: Becker/Spöttl 2008, S. 113

Anhand ausgewählter Kriterien wurde der Umfang der Untersuchung eingegrenzt. So wurde die Arbeitsstudie auf die beiden technisch orientierten IT-Ausbildungsberufe „IT-System-Elektroniker" und „Fachinformatiker" fokussiert, wobei sich das Berufsbild des Fachinformatikers in die zwei Fachrichtungen „Anwendungsentwicklung" und „Systemintegration" unterteilt.

Ebenso wurde die Größe und die geografische Lage der IT-Unternehmen festgelegt, deren beschäftigte IT-Fachkräfte und IT-Spezialisten vor Ort und während ihrer Arbeit im Arbeitsprozess beobachtet und befragt werden sollten. Die Empirie wurde demnach in klein- und mittelständigen Betrieben im Stuttgarter Raum durchgeführt.

Für genaue Arbeitsbeobachtungen und erfolgsversprechende Expertengespräche im Arbeitsbereich der IT-Branche musste im Vorfeld der so genannte Feldzugang gesichert werden. Um geeignete und dem Kriterienkatalog entsprechende IT-Unternehmen zu finden, wurde auf Internetdatenbanken zurückgegriffen, Unternehmenslisten der Industrie- und Handelskammer und das überregional geltende Telefonbuch verwendet. Die Akquise mit einem ersten Telefonat zur Kontaktaufnahme und einem angekündigten, anschließenden Anschreiben per mail bewährte sich erfolgreich. Die Geschäftsführer und Bereichsleiter für den IT-Sektor zeigten sich offen für das Forschungsprojekt und vermittelten Termine mit jeweiligen IT-Fachkräften. Die schriftlichen Anfragen per mail sind mit einem anonymisierten Beispieltext im Anhang dieser Arbeit hinterlegt.

Allerdings musste im Vorfeld der Arbeitsprozessanalysen die Frage nach der Einhaltung des Datenschutzes durch die begleitende Beobachterin für jede zu untersuchende IT-Fachkraft und jedes zu untersuchende Unternehmen geklärt werden, das viel Zeit, Engagement und Überredungskunst seitens der Forscherin erforderte. Ebenso mussten sicherheitstechnische Aspekte eingehalten werden und freier Zugang im Arbeitsumfeld für die Forscherin gewährleistet sein.

Das Verhalten und Handeln der Forscherin beschränkte sich grundsätzlich auf die Fragestellungen in den vertraulichen Gesprächen. Lediglich für Nachfragen und für den weiteren positiven Verlauf der Gespräche brachte die Forscherin ihre eigene Fachkompetenz ein, traf dabei allerdings keinerlei Entscheidungen während der Arbeitsprozesse.

Während der Arbeitsprozessanalysen kam es darauf an, die eigentliche Arbeitshandlung der IT-Fachkraft zu erfassen und im Gespräch sein Tun unter berufsfachlichen Aspekten zu erfragen. Den Redefluss des befragten Mitarbeiters unterstützte und steuerte die Interviewerin durch ihr verbales und nonverbales Verhalten.

Die Durchführung berufswissenschaftlicher Forschung erfolgt durch die Umsetzung von Leitfragen, die dem Entwurf eines bestmöglichen Forschungsdesigns und letztendlich einer erfolgreichen wissenschaftlichen
Ausarbeitung der originären Fragestellung dienen. Zur Unterstützung der vorzunehmenden Befragung und der zu führenden Expertengespräche mit den Berufspraktikern wurde folgender Leitfaden mit Detailfragen im Modus offener Fragestellungen kreiert.

Abbildung 22: Leitfaden zur Befragung der begleitenden IT-Experten

- Frage nach der Arbeitsperson – Informationen zur Ausbildung und tätigen Berufsübung des befragten IT-Experten.
- Frage nach dem fachlichen und persönlichem Know-how des Facharbeiters.
- Frage nach dem Verständnis für Arbeitsaufgaben.
- Frage nach der Häufigkeit des Auftretens der jeweiligen Arbeit im Berufsalltag.
- Frage nach der Relevanz von Herausforderungen zukünftiger Arbeitsabläufe und dem Arbeitsprozesswissen.
  (Welche Herausforderungen sind zukünftig für den Arbeitsablauf und das Arbeitsprozesswissen relevant?)
- Frage nach Schwierigkeiten, auf die eine IT-Fachkraft bei der qualifizierten und möglichst effektiven Ausführung der gestellten Aufgabe stößt.
- Frage nach dem Umgang der IT-Fachkraft mit unvorhergesehenen Problemen während des Arbeitsprozesses. Selbstständiger Umgang oder Nachfragen bei und Absichern durch den Vorgesetzten?
- Frage nach dem Finden von Lösungsansätzen.
- Frage nach dem Aufbau einer persönlichen Strategie zur Filterung von Wissen und zu Problemstellungen.
- Frage nach der Zufriedenheit der IT-Spezialisten in einem facettenreichen Arbeitsumfeld.
- Frage nach dem Umgang der Befragten mit dem Zeitdruck im Arbeitsprozess.
- Frage nach zusätzlich vorhandenem Wissen.
- Frage nach fehlendem Wissen für die erfolgreiche Ausübung des Berufes.
- Frage nach Kritikpunkten in der Ausbildung.
- Frage nach der Beseitigung der auftretenden Schwierigkeiten, nach der Aufgabenbewältigung und nach einer letztendlich zufrieden stellenden Beantwortung der Fragestellungen. (Als Kontrollfrage eingebaut)
- Frage nach Wünschen hinsichtlich des gesamten Arbeitsumfeldes.
- Frage nach dem Wissensstand der IT-Fachkraft. Auf welchem Weg verschafft sich die Fachkraft aktuelles Wissen rund um berufliche Notwendigkeiten?
- Frage nach den besonderen Fähigkeiten der Fachkraft zur Ausübung seines Berufes.
- Frage nach Weiterbildungsmöglichkeiten – betrieblich oder privat organisiert.
- Frage nach monetären und temporären Faktoren der Weiterbildung.

Quelle: Eigene Darstellung 2012

Aufbauend auf diesen Leitfaden zur Befragung der IT-Fachkräfte wurde der Befragungsansatz konkretisiert und dementsprechend folgende Fragen als Gesprächsleitfaden gestellt:

Abbildung 23: Fragenkatalog – Leitfragen zu Interviews der IT-Experten

– Welche Ausbildung haben Sie durchlaufen? Quereinsteiger? Welchen Beruf üben Sie heute aus? Und welchen Beruf üben Sie offiziell aus?
– Welches fachliche und persönliche Know-how besitzen Sie als IT-Experte/Expertin?
– Wie sehen Ihre Arbeitsaufgaben aus? (Strukturierung)
– Welche charakteristischen Aufgabenbereiche kennzeichnen Ihre Berufstätigkeit?
– Auf welche Fähigkeiten kommt es in Ihrem Beruf besonders an?
– Welche Erwartungen werden an den Beruf gestellt? (Erwartungen seitens des Betriebs, seitens der eigenen Person)
– Welche Herausforderungen sind zukünftig für den Arbeitsablauf und das Arbeitsprozesswissen relevant?
– Auf welche Schwierigkeiten stoßen Sie als IT-Fachkraft bei der qualifizierten und möglichst effektiven Ausführung der gestellten Aufgaben?
– Wie werden die Schwierigkeiten beseitigt, die Aufgaben bewältigt und die Fragestellungen zufriedenstellend beantwortet?
– Wird Weiterbildung von Seiten des Unternehmens angeboten?
– Wenn ja, wie sieht diese Weiterbildung aus? (inhouse oder extern vergeben; zeitlicher und kostenorientierter Aspekt)
– Wie werden neue Lösungsansätze gefunden?
– Befinden Sie sich auf dem neuesten Stand der Entwicklungen? Auf welchem Weg verschaffen Sie sich aktuelles Wissen rund um berufliche Notwendigkeiten?
– Welche Kritikpunkte gilt es festzuhalten – für die Zeit der Ausbildung?
– Sind Sie denn zufrieden mit Ihrem Job in einem facettenreichen Arbeitsumfeld?
– Wie gehen Sie als IT-Fachkraft mit unvorhergesehenen Problemen während des Arbeitsprozesses um? Lösen Sie die auftretende Schwierigkeit selbstständig oder fragen Sie zum Absichern beim Vorgesetzten nach? (Kontrollfrage)
– Wie gehen Sie mit dem Zeitdruck im Arbeitsprozess um?
– Welche Wünsche haben Sie für Ihre berufliche Zukunft?

Quelle: Eigene Darstellung 2012

Anlehnend an diesen Fragenkatalog konnten auch Hintergrundinformationen und Erkenntnisse im impliziten Kontext vertieft werden, die neben dem expliziten Wissen entscheidend für die berufliche Kompetenz sind.

Neuweg betont in diesem Kontext, dass implizites Wissen ein durch Intuition gesteuertes Handlungskonzept darstellt und es eine Verbindung von bildendem Wissen und kompetenten Können gibt (vgl. Neuweg 2005). „Der Kompetenzbegriff ist ein hypothetisches Konstrukt, dessen theoretische Grundlagen keineswegs vollständig geklärt sind, insbesondere nicht das Verhältnis von Wissen und Handeln. Es wird vorgeschlagen, von einer dialektischen Relation zwischen Wissen und Können auszugehen. Die Annahme hierbei ist, dass Wissen in könnerhaftes Handeln integriert werden kann, wobei Wissen und Handeln sich gegenseitig bereichern, ohne ineinander aufzugehen oder sich gar gegenseitig zu determinieren" (Fischer – Internet 27).

Wie tragfähig die Untersuchung hinsichtlich Objektivität, Gültigkeit und Aussagefähigkeit sein wird, zeigt sich anhand der Ergebnisse im folgenden Kapitel.

8 Untersuchungsergebnisse

Für die Beantwortung der Kernfrage nach dem unbekannten Wissen im IT-Sektor, wurden die im vorherigen Kapitel vorgestellten Arbeitsprozessanalysen durchgeführt – mit der Eingrenzung auf ausgewählte IT-Ausbildungsberufe und mit der Fokussierung auf klein- und mittelständische IT-Unternehmen im Stuttgarter Raum.

Während des Arbeitsprozesses wurden Fachkräfte und Spezialisten begleitet, die in den technisch-orientierten IT-Berufen IT-System-Elektroniker und IT-Fachinformatiker mit den Fachausrichtungen Anwendungsentwicklung und Systemintegration tätig sind.

Die Forscherin begleitete die jeweilige IT-Fachkraft einen Arbeitstag lang während des Arbeitsprozesses und vertiefte sich dabei in die Denk- und Handlungsprozesse der zu befragenden Person. Dieses Verfahren, eine Kombination aus Arbeitsbeobachtung und handlungsorientierten Gesprächen, zeigt ein realistisches Bild des zu untersuchenden Gegenstandes und ist somit Grundlage einer berufswissenschaftlich geprägten Hermeneutik. Mit dieser methodischen Vorgehensweise kann das noch unbekannte, aber erforderliche Fachwissen der IT-Experten ermittelt und für die Entwicklung hochadaptiver Lernstrategien in der Aus- und Weiterbildung genutzt werden.

8.1 Besprechung der Ergebnisse

Die Auswertung und Interpretation der Ergebnisse wird im Sinne der Hermeneutik von Gadamer vorgenommen – keine mathematische Exaktheit, sondern interpretierend auslegend.

Eine hermeneutische Auslegung kann nach Gadamer nur durch Offenheit für eine kommunikativ partizipierte Welt gelingen. Sie gelingt „überall dort, wo Welt erfahren und Unvertrautheit aufgehoben wird, wo Einleuchten, Einsehen, Aneignung erfolgen und am Ende auch dort, wo die Integration aller Erkenntnis der Wissenschaft in das persönliche Wissen des Einzelnen gelingt" (Gadamer 1974, S. 1071).

Als Forschungsmethode zur Gewinnung von weiterführendem und pädagogisch umsetzbarem Wissen legt die pädagogische Hermeneutik Aspekte von Bildungs- und Erziehungswissenschaft aus. Lernen findet in diesem Zusammenhang anhand der Beschäftigung mit einem neuen Sachverhalt statt, die aufgrund von Vorkenntnissen und Empfänglichkeiten (vgl. Gadamer 1990) für diesen neuen Sachverhalt aufgenommen wurde. Dies forschende, reflexive Beschäftigen resultiert in einem erweiterten Sachverständnis, das anschließend auf neue Situationen und Aufgabenstellungen angewendet werden kann.

Gadamer betont im Rahmen der hermeneutischen Erkenntnisgewinnung die zentrale Stellung des zu führenden Gesprächs. Dieses, mit einem zu fragenden Gegenüber, gleichberechtigte und unter gemeinsam ausgerichteter Fragestellung geführte Gespräch setzt voraus, „den anderen nicht niederzuargumentieren, sondern im Gegenteil das sachliche Gewicht der anderen Meinung wirklich zu erwägen. (…) Wer die ‚Kunst' des Fragens besitzt, wird selber nach allem suchen, was für eine Meinung spricht. Dialektik besteht darin, dass man das Gesagte nicht in seiner Schwäche zu treffen versucht, sondern es erst selbst zu einer wahren Stärke bringt" (Gadamer 1990, S. 373).

So fand die Begleitung der IT-Fachkräfte während des Arbeitsprozesses inhouse und beim Kunden vor Ort statt. Die Kunden erwiesen sich als namhafte Unternehmen im Raum Stuttgart, Karlsruhe und Berlin. Aus diesem Grunde war die elektronische Datenerfassung nicht erlaubt, die Brisanz der aufzunehmenden Informationen und den zu erwartenden Daten war seitens der Kunden zu hoch. Umso größer war das vertrauensvolle Gespräch in positiver Atmosphäre als wichtiger Aspekt für das Erfassen und die Kontrolle darüber, in welchem Ausmaß die befragte Fachkraft fundiertes Wissen über Detail- und Funktionswissen von komplexen Aufgabenstellungen, Zusammenhangwissen verschiedener Arbeitsabläufe und vertieftes Fachwissen für den Transfer zur Bewältigung von Aufgabenstellungen besitzt.

Während die über die Verhaltensbeobachtungen der Fachkräfte hinausgehenden Arbeitsbeobachtungen rein interpretativ gewertet werden, sind die Transkriptionen der anhand des erstellten Fragenleitfadens geführten Gespräche im Anhang aufgeführt. Die erfassten personen- und unternehmensbezogenen Daten sind anonymisiert und mit Buchstaben-Zahlen-Kombinationen von A1 A2 bis E1 gekennzeichnet.

8.2 Darlegung und Interpretation der Ergebnisse

Ausgehend von den Zielvorgaben für das Forschungsvorhaben wurde in einem ersten Fragenkomplex der IT-Experte selbst beleuchtet, seine Ausbildung, Berufsausübung und Aufgabengebiete herausgearbeitet. Im untersuchten Bereich von klein- und mittelständigen Betrieben der IT-Branche werden demnach die Fachkräfte aus Kostengründen meist als Allrounder beschäftigt, so dass sich ihr Wissen berufsübergreifend gestaltet. „Wir sind Allrounder, wir müssen alles können." „Ich bin eher der Freak, der gerne herumbastelt" (A1/A2 – 06.08.2010). „Ich bin mit Leib und Seele Systemelektroniker, denn ich tüftele gerne." „Ich bin die typische Allrounderin, denn zum Know-how der Systeminformatikerin gehört ja auch die Beratung und der Kundenkontakt." (D2/D1 - 25.08.2010).

Für den angegebenen Allrounder spricht auch die Tatsache, dass die meisten Befragten eine andere Erstausbildung absolvierten und erst danach in einer Zweitausbildung zur IT-Fachkraft wurden oder als ein für die IT-Branche typischer Quereinsteiger Fuß fassten. „Eigentlich bin ich Elektriker, habe dann aber umgesattelt. Jetzt bin ich sogar mein eigener Herr und bin für alles zuständig" (B1 - 10.08.2010). „Von der Ausbildung her bin ich eigentlich IT-System-Kaufmann, aber habe den Job als Anwendungsinformatiker, also offiziell Fachinformatiker Anwendungsentwicklung" (C1 - 17.08.2010). „Von Hause aus bin ich Betriebswirt, habe dann aber meine Leidenschaft im Programmieren gesehen und habe umgesattelt. Nach meinem FH-Studium habe ich noch mal die Schulbank gedrückt und arbeite jetzt auch als Programmierer mit allem was dazu gehört" (E1 - 27.08.2010).

Die Arbeitsaufgaben gestalten sich so vielfältig wie auch das fachliche Knowhow und die persönliche Interessen der IT-Experten vielfältig und fundiert sein müss. „Mein berufliches Leben dreht sich meist um die Installation und Wartung von Netzwerken. Zu Hause besitze ich viele PCs, meist alte Rechner, die ich aus- und umbaue" (D1 - 25.08.2010), „Ich habe mich auf die Telekommunikationssysteme eingefahren. Ich handele mit Softwarelizenzen, baue diese um und entwickele sie weiter, so dass sie beim Kunden passen. Die gesamte wirtschaftliche Projektabwicklung liegt natürlich auch in meiner Hand" (B1 - 10.08.2010), „Was dazu gehört? Multitalent zu sein, die eigentliche Arbeit fristgerecht zu erledigen samt den Querschnittsaufgaben, die immer wieder kurzfristig dazukommen" (E1 - 27.08.2010).

Ein zweiter Fragenkomplex diente der Erörterung von Fähigkeiten und Fertigkeiten zur Ausübung eines IT-Berufes und den zu erfüllenden Erwartungen. So sind die Mitarbeiter in dem noch jungen IT-Sektor ebenfalls sehr jung und pflegen durchweg einen kollegialen Umgang, das Arbeitstempo ist hoch, Projekte werden sehr schnell bearbeitet und abgeschlossen. Diese Aussagen werden belegt durch die folgenden Zitationen der befragten IT-Fachkräfte, wobei eine Aussage im typischen Fachjargon auffällig häufig und ganz bewusst sprachlich formuliert dargelegt wurde: „Flexibel zu sein, schnell zu reagieren und im Kopf switchen können, wenn wir uns in Kundenanfragen reindenken müssen. *Das alles geschieht erst mal per Hand, so richtig mit Schreibblock und Stift.* Das Übersetzen der Lösungsansätze dann ins digitale System ist manchmal nicht einfach" (E1 - 27.08.2010), „*Die Anforderungen für Informatiker sind Papier, Bleistift und Radiergummi!* Denn immer noch werden in der Branche Lösungskonzeptionen auf Papier skizziert" (A1 - 06.08.2010), „Wie für alle Fachinformatiker gilt auch für mich der Grundsatz: *Nie ohne Papier, Bleistift und Radiergummi.* Meine Lösungsvorschläge skizziere ich noch ganz schlicht, ganz auf den Kunden zugeschnitten." „Neben der fachlichen benötige ich deshalb auch viel Menschenkenntnis" (D1 – 25.08.2010) und „Wie vor kurzem in einem großen Ärztehaus. Da hatten wir eine Softwareanwendung zur Erstellung eines Totenscheins zu konzipieren. Und ich hatte zuvor noch nie so ein Papier gesehen. Ja, wir müssen immer neugierig sein, Neues lernen" (C2 – 17.08.2010).

Da nur selten ältere Kollegen mit langjährigem Erfahrungswissen vorzufinden sind, fällt die Möglichkeit des Nachhakens nach speziellem Wissen und anwendungsbezogenen Erfahrungen immer öfters aus und kann als Option seltener genutzt werden.

Dem Fragengebiet, welche Herausforderungen zukünftig für Arbeitsablauf und Arbeitsprozesswissen relevant sein könnten, begegneten die Interviewpartner mit pragmatischen Antworten wie „Wir müssen noch selbstständiger arbeiten, noch mehr wissen und unsere Arbeitszeit noch besser nutzen" (A2 – 06.08.2010) und „Wissen wird komplexer, so dass man nicht alles wissen kann. Deshalb muss man wissen, wo man sich das Wissen holen kann. Der Wissensaustausch zwischen uns Kleinunternehmern wird immer schwieriger. Es werden bewusst Barrieren aufgebaut, sobald ein IT-Unternehmen keine Rechte auf bestimmte Software besitzt" (B1 – 10.08.2010).

Fachliche Kompetenzen, auf dem Laufenden sein, Schnelligkeit und Engagement in der Auftragsabwicklung sind die herausgearbeiteten Kriterien im wirtschaftlichen Konkurrenzkampf. Für die immer noch wenigen Frauen in IT-Berufen kommt hinzu, stets noch kompetenter, freundlicher und qualifizierter zu sein, um das meist männliche Klientel, ob Kunde oder Vorgesetzter, zu überzeugen.

Wie selbstverständlich vollzieht sich die Aneignung von Arbeitsprozesswissen über das Netz. Für den Arbeitsprozess schnell benötigte Informationen werden über das Internet abgerufen, auf Netzplattformen nachgeschaut und sich weltweit in Chatforen ausgetauscht. „Wissen wird komplexer, so dass man nicht alles wissen kann. Deshalb muss man wissen, wo man sich das Wissen holen kann" (B1 – 10.08.2010). Die jungen IT-Spezialisten haben darin Übung und es geht sehr schnell. Ebenfalls stark verbreitet sind Hilfestellungen und Instruktionen via Hotline Connections durch die multimediale Arbeit mit firmeneigenen Handys. „In unserem Bereich zum Beispiel, werden wir nicht mehr so oft vor Ort sein müssen, sondern zukünftig wird die Kundenbetreuung per Fernwartung ablaufen. Das wird in Zukunft Standard sein." „Immer mit vorne dabei zu sein und neue Trends zu sehen. Trendscouting. Wir sollten immer mehr wissen, als wir heute noch für die Arbeit benötigen, denn morgen kann die selbe Arbeit schon ganz verändert aussehen" (C2/C1 – 17.08.2010). Deshalb: „Wir müssen noch selbstständiger und schneller arbeiten, uns das umfassendere Wissen, was verlangt wird, auch noch selbst aneignen" (D2 – 25.08.2010).

Das Fragengefüge nach dem Wissenstand einer IT-Fachkraft, das Thema von vorhandenem und fehlendem Ausbildungswissen sowie aktuellem beruflichen Wissen zur Berufsausübung zeigte auf, dass weiterführende Gedanken über das unbekannte Wissen, dass für den aktuellen und projektbezogenen Arbeitsprozess und für die persönliche Weiterentwicklung benötigt wird, kaum angestellt werden, sondern vielmehr nach schnellen Lösungen gesucht wird, ganz nach dem Motto „alles steht im Netz". Und der Zugriff als Programmierer und Netzwerker, als IT-Fachkraft inmitten der informationstechnologischen Umgebung, ist nachvollziehbar und schnell vollzogen. Drei Antworten stehen exemplarisch für die gesamte Branche. „Ich selbst surfe viel im Netz oder frage auch schon mal einen befreundeten Kollegen" (B1 – 10.08.2010) und „Wir beide reden erst mal darüber. Dann schaue ich auf verschiedenen Netzplattformen nach oder lese in tollen Foren, die es jetzt gibt. Vertrauensvolle Seiten dabei sind die Expertenseiten wie SUN, Oracle, IBM" (A2 – 06.08.2010) und „Wir Mitarbeiter werden oft „ins kalte Wasser geworfen", um Problemstellungen eigenständig zu lösen. Fragen, Nachhaken, Erfahrungen von Kollegen nutzen, mal schnell im Netz nachschauen … immer öfters in Netz, geht schnell und es steht alles drin!" (A2 – 06.08.2010).

Das Fragen zum Umgang mit auftretenden Schwierigkeiten und dem Finden von Lösungsansätzen führte direkt in grundlegende Folgefragen, Gespräche und Diskussionen um die Aus- und Weiterbildung im IT-Sektor. Schwierigkeiten erweisen sich als gewohntes Tagesgeschäft, da stets kundenorientierte Lösungen gefunden werden müssen. Die IT-Experten sind oftmals alleine vor Ort und müssen handeln und Ergebnisse liefern. „Oft sind wir draußen vor Ort beim Kunden und müssen uns dort auf die Probleme einstellen. Aber nicht nur fachlich hinsichtlich Informationstechnologie, sondern auch kundenspezifisch" und „Dass ich als selfman alles alleine mit meinem Kollegen stemmen muss. Wir werden oft ins kalte Wasser geworfen – macht mal" (C1 – 17.08.2010). Die Aufgabenbewältigung samt Lösungsfindung erfolgt ebenfalls in Eigenregie auf Grundlage einer langen Berufspraxis, eines steten Ausprobierens oder wieder im Austausch im World Wide Web. „Zuerst probiere ich eventuelle Schwierigkeiten mit meinem Erfahrungsschatz an Netzwerklösungen zu beseitigen. Aber für was arbeite ich nun mal mit Netzwerken und dem Internet? Beim Surfen von einer zur anderen page findet sich immer eine Lösung" (D2 – 25.08.2010). „Manchmal gibt es ruhigere Phasen, da hat man Zeit zum Nachdenken über kundenrelevante Lösungen. Ansonsten findet sich alles im Internet oder ich versuche es mit Freaks im Chat, die sind irgendwie immer online" (E1 – 27.08.2010). Wird das Wissen unter digitalen Vorzeichen betrachtet, nimmt „das World Wide Web eine bevorzugte Stellung ein, wenn es um die Beschaffung von Informationen geht. Es ist, wenn man so will, ein von vielen präferierter „guter Informant". Das ist inzwischen alltäglich. Dennoch liegt in dieser simplen Beobachtung der Veränderung von gesellschaftlichen Handlungsgewohnheiten der Hinweis auf umfassendere Wandlungsprozesse, denn hier geschieht mehr als die Substitution eines Mediums durch ein anderes" (Pscheida 2013 – Internet 50).

Um eine schnelle Orientierung und erfolgreiche Suche geht es demjenigen, der mittels einer Suchmaschine im Netz recherchiert. „Dabei geht der Suchende davon aus, dass das Internet hier tatsächlich hilfreich sein kann. Die Motivation zur Suche im Netz erwächst also zum einen aus einer einfachen und unkomplizierten Zugriffsmöglichkeit, zum anderen aber auch aus der Erfahrung, dass die dort verfügbaren Informationen im Allgemeinen ausreichend für das aktuelle Informationsbedürfnis sind. Tatsächlich hat sich das World Wide Web innerhalb nur weniger Jahre zu einem Informationsreservoir von historischem Ausmaß und geradezu leitmedialer Dominanz entwickelt; ein Ort, an dem das Wissen der Welt wie nirgends sonst und niemals zuvor gebündelt und zugänglich wird. Zugleich ist das World Wide Web aber auch ein Ort, an dem neue Spielregeln für den Umgang mit Wissen gelten" (Pscheida 2013 – Internet 50).

In der Gruppe der Befragten besteht Einigkeit darüber, dass die Aktualität in der Ausbildung fehlt, ganz besonders erwähnenswert die veralteten Programmiersprachen, das fehlende Angebot an Sprachen wie Fachenglisch und das fehlende Unterrichten von grundständigen Fächern wie Mathematik und auch Physik hinsichtlich der angewandten Mathematik auf Hardwareebene, dies besonders für Aufgaben zur Programmierung. So muss sich das Wissen von und über neue Programmiersprachen selbst angeeignet werden. „Meine Berufsschulzeit ist noch gar nicht lange vorbei, deshalb kann ich mich gut erinnern. In der schulischen Ausbildung lernt man nur die Grundlagen der Grundlagen. Neueste Programme gibt es in der Schule nicht. Den Umgang mit den Programmen lernen wir im Betrieb, denn hier laufen die neuesten Programme, und wir müssen damit umgehen können." „Das Fach BWL wird sehr stiefmütterlich behandelt, das könnten sie auch gerade streichen, so wie sie es mit Mathe gemacht haben. Erst war ich froh, weniger lernen zu müssen, aber jetzt fehlt es halt doch. Alles muss ich nacharbeiten und gleichzeitig vorarbeiten, damit ich mithalten kann und mal den Chef beerbe" (E1 – 27.08.2010).

Und wenn die Erstellung von Dokumentationen rund 50% der Arbeitsleistung eines Fachinformatikers ausmachen, aber das Wissen zur Dokumentationserstellung nicht auf dem Lehrplan steht, dann hat das Auswirkungen auf den beruflichen Alltag. „Da gibt es eine lange Liste an Mängeln aus der Berufsschulzeit:

- Sprache
- kein Mathe gelehrt
- keine Physik (als angewandte Mathematik auf Hardwareebene)
- nur Kommunikation auf Deutsch im Unterricht
- Soft Skills
- kaum Dokumentationserstellung" (A1/A2 – 06-08.2010).

Rigoros die Antwort des Interviewpartners C2 (17.08.2010): „Ich sage es kurz und schmerzlos: Alles veraltet, der Unterrichtsstoff und die Lehrer." Kritisch hinterfragend die Antwort des Gesprächspartners D2 (25.08.2010): „Wenn ich sehe, wie schnell sich der Arbeitsalltag in unserem IT-Bereich verändert, glaube ich kaum, dass die Schulausbildung da noch nachkommen kann. Eventuell noch die Vermittlung der Grundlagen, vielleicht." Und mit dieser leicht deprimierten Aussage über Aus- und Weiterbildung der IT-Berufe sowie neuestem Wissenstand auf dem Gebiet der IT-Entwicklungen spiegelt sich der Tenor aller gegebenen Antworten dieser Untersuchung wieder: „Kann man das überhaupt sein in der Computerbranche? Alles veraltet so schnell. Ich habe mal freiwillig an einer externen Weiterbildungsmaßnahme teilgenommen. Aber da gab es zu wenig Input. Besser ist es, ich bleibe hier an meinem Computerplatz und hole mir das Notwendige aus dem Netz. Ich spare Zeit und der Chef sein Geld" (A2 – 06.08.2010).

Das Thema der Weiterbildung stellt sich also bei den Befragten als ein diffiziler Gesprächspunkt dar. Eine persönliche Weiterbildung wird nicht vom Unternehmen gewährleistet, sondern über Informationsweitergabe von Vorgesetztem an die Mitarbeiter vollzogen oder Literatur zur Verfügung gestellt, wobei der Informationsverlust dabei immens ist und die Gefahr besteht, fachspezifische und wichtige Inhalte für das Wissen jedes individuellen IT-Experten nicht für nötig und wichtig erachtet zu werden. Bis neues Fachwissen beim Einzelnen ankommt, ist dies bereits veraltet. Um den Anforderungen des Arbeitsalltags weiterhin gerecht werden zu können mit aktuellem Wissenstand und beruflichen Notwendigkeiten, geben die erfahrenen IT-ler selbst den Weg vor: „An meiner eigenen Person sehe ich, dass all das erworbene Wissen als IT-Fachkraft eine große Halbwertzeit hat. Vieles von dem, was ich damals erlernt habe, ist total veraltet und ich brauche es heute nicht mehr. Zudem habe ich mich freiwillig weiterschulen lassen in Richtung Beratung. – Es ist besser, IT-Fachkräfte, entsprechend ihrem eigentlichen Einsatzgebiet als Allrounder, mit aktuell Wissen und selbstbestimmter auszubilden. Vor Ort müssen sie ja dann auch „ihren

Mann stehen" (D1 - 25.08.2010). Denn sie müssen „immer mit vorne dabei sein und neue Trends sehen. Trendscouting. Wir sollten immer mehr wissen, als wir heute noch für die Arbeit benötigen, denn morgen kann die selbe Arbeit schon ganz verändert aussehen." „In unserem Bereich zum Beispiel, werden wir nicht mehr so oft vor Ort sein müssen, sondern zukünftig wird die Kundenbetreuung per Fernwartung ablaufen. Das wird in Zukunft Standard sein" (C1/C2 - 17.08.2010).

Ein abschließender Fragenblock nach Kritik oder Zufriedenheit in einem facettenreichen Arbeitsumfeld und persönlichen Wünschen für die berufliche Zukunft kam zu einheitlichen Antworten der Zufriedenheit, in einem „guten Job mit Perspektive" (D1 - 25.08.2010) tätig zu sein. Die Befragten zeigten sich strebsam und sind froh über einen fachlichen Wechsel in die IT-Branche oder eine, wenn auch teils veraltete Ausbildung, in einem der informations- und kommunikationstechnischen Ausbildungsberufe. Einhellig wünschen sie sich einen weiterhin sicheren Arbeitsplatz mit beruflichem Aufstieg in dieser trendigen Berufssparte, „ich will einen beruflichen Aufstieg schaffen" (C2 - 17.08.2010), „Ich werde weiterlernen, um Karriere zu machen – Chefsessel?" (E1 - 27.08.2010).

8.3 Zusammenfassung der Ergebnisse unter Bezug der Fragestellungen

Auf Basis der durch die Arbeitsprozessanalysen erworbenen Kenntnisse und nach der Transkription und Auswertung der in den Expertengesprächen erhaltenen Informationen können nachfolgende Aussagen gemacht werden, die fortführend wissenschaftlich umgesetzt zur Beantwortung der Forschungsfragen führen und letztendlich als Grundlage zur Entwicklung der hochadaptiven Lernstrategie einer „Kreativitätsschiene" dienen.

Unabhängig voneinander kamen im Rahmen dieser durchgeführten halbstrukturierten Interviews auffällig oft gleich lautende Schlagworte wie „Ich werde mit der Arbeit ins kalte Wasser geworfen", „Schulwissen hinkt hinterher", und im IT-Umfeld fast paradox „Informatiker arbeiten mit Papier, Bleistift und Radiergummi". Kaum zu glauben auch die wiederholte Aussage, dass das Schulfach Mathematik überhaupt nicht angeboten und gelehrt wird, was einer Verletzung der Angaben in den Rahmenlehrplänen entspricht. Die Vorgaben sehen allerdings anders aus: „Das Konzept der beruflichen Handlungsfähigkeit spielt seit Anfang der 1980er-Jahre insbesondere in der Berufsausbildung eine tragende Rolle. Auf der betrieblichen Seite der dualen Ausbildung zeigt sich dies in der Ausrichtung der Ausbildungsmethoden und später auch der Ordnungsmittel an ‚vollständigen Handlungen'; auf der berufsschulischen Seite wurde der Begriff der beruflichen Handlungsfähigkeit mit Einführung des Lernfeldkonzepts 1996 in den Rahmenlehrplänen verankert und damit das ‚Fächerprinzip' der Berufsschule zugunsten der Orientierung an beruflichen Aufgaben- und Problemstellungen aufgegeben" (Dietzen 2011, S. 294).

Gemäß der Forschungsfrage nach dem Erwerb von neuem Wissen und Können der IT-Fachkräfte, zeigte die empirisch gestaltete Untersuchung nun auf, dass die Mitarbeiter der Branche definitiv anderes Wissen und Können beherrschen als vom offiziellen schulischen Lehrplan gefordert. Um sich das fehlende Wissen dennoch schnell „abzuholen", wird sich in der Praxis mit dem Nutzen von Social Media beholfen. Auch sind geforderte Soft Skills wie Team- und Kommunikationsfähigkeit, Selbstständigkeit und soziale Kompetenzen mittlerweile unabdingbar für das Bestehen und einen möglichen Erfolg im Beruf.

Mit einer schnellen Verfügbarkeit und einem einfachen Zugriff auf sich permanent ändernde und sich erweiternde Wissensbestände reagiert das Informationsmedium „Internet" auf moderne und stets wandelnde Anforderungen. Als Partizipationsmedium unserer Gesellschaft enthält es durch die Nutzer zudem eine strukturelle Gestaltbarkeit von Wissen. Über mobile Endgeräte quasi zu jeder Zeit an jedem Ort digital abruf- und anwendbar, bedient es inhaltlich alle Interessensgebiete und zeigt seine Stärke auch in der unkomplizierten Handhabung. „Dass dies so ist, ist freilich kein Zufall, denn unsere Gesellschaft hat kollektiv ein großes Interesse daran. Und: Sie stellt sich zugleich mehr und mehr darauf ein. In diesem Sinne fungiert das Internet geradezu als Leitmedium der digitalen Wissensgesellschaft, denn es greift ein gesellschaftliches Bedürfnis nicht nur auf, sondern verhilft diesem zugleich auch zu neuer Geltung und verstärkt es ähnlich einem Katalysator. Im Ergebnis dieses Wechselspiels entstehen neue Rahmenbedingungen für die gesellschaftliche Wissenskultur" (Pscheida 2013 – Internet 50).

Gesellschaftlich interessant sind auch die Erfahrungen aus der Untersuchung, die aufdecken, dass viele der gemeldeten Unternehmen im IT-Sektor zwar als IT-Unternehmen firmieren, aber in Ihrem unternehmerischen Spektrum keine Anknüpfungspunkte zur Informationstechnologie aufweisen. Diese so genannten „schwarzen Schafe" im Unternehmerfeld, die auf die Zukunftsbranche der Informationstechnologie aufspringen, provozieren und schaden der Branche mit einem negativen Image, was von den Arbeitnehmern als sehr negativ wahrgenommen wird und mit Zukunftsängsten verbunden ist.

Die Frage der Rolle von bisher nicht erschlossenen Lernprozessen bei der Wissensübertragung und Kompetenzförderung durch die Arbeit wird aus den Ergebnissen der Arbeitsprozessanalysen beantwortet.

Ein Großteil der aus den Arbeitsprozessanalysen gewonnenen Erkenntnisse sind stark geprägt von Notwendigkeiten zur Motivation und Absicherung des Arbeitsplatzes im harten Konkurrenzkampf der IT-Branche. Und dennoch ist die Neugierde seitens der Arbeitnehmer auf ein berufliches Vorankommen in diesem Sektor groß. Das beinhaltet den Wunsch auf eine bessere Vorbereitung auf die eigentlichen Arbeitsaufgaben im gewählten IT-Beruf, die Erlangung von mehr Kompetenz bei der Erkennung und Erfassung von Innovationen in der IT-Branche, um schneller und eigenständig darauf reagieren zu können und nicht länger angewiesen sein zu müssen auf das Wissen Anderer. Anhand der gewonnenen Untersuchungsergebnisse zeigten sich aufzugreifende und zu verbessernde Entwicklungsschwerpunkte wie das Fehlen eines strategischen Vorgehens bei der Strukturierung komplexen Wissens und bei der Schulung von Problemlösekompetenz.

Die umfangreichen, vorgeschalteten Untersuchungen zu allgemeingültigen und anzuwendenden Strategien der beruflichen Aus- und Weiterbildung, der Fokussierung auf den IT-Sektor, die Darstellung der fünf Ausbildungsberufe samt den darin zu erkennenden Aspekten des unbekannten Wissens und das Aufzeigen des Arbeitsprozesswissens in der beruflichen Praxis war notwendig und von Bedeutung, um dem vorhandenen Konglomerat aus Daten- und Informationsfülle, das es für eine Wissensaneignung zu bewältigen und zu handhaben gilt, eine Struktur geben zu können. Hierbei spielt auch die genaue Beleuchtung der Rahmenlehrpläne eine gewichtige Rolle, um herauszufinden, in welchem Fach während der Erstausbildung die strukturgebende und neu zu entwickelnde Lernstrategie eingebunden, gelehrt und trainiert werden kann.

Mit dem didaktisch-methodischen Konzept der Komplexreduktion, der Bewahrung der Ganzheitlichkeit, der Überleitung von Sach- in Handlungslogik wird der Vermittlung komplexer Lernsachverhalte durch die Anwendung der „Kreativitätsschiene" ohne Überbeanspruchung und Motivationsverlust Rechnung getragen.

Zielgerichtet auf das Handeln, ist die fokussierte Schulung der Problemlösekompetenz ein erfolgreicher Weg zu einem motivierten und eigenständigen Lernen. Eingebettet in die inhaltlichen Lernfelder und von Beginn an in der Erstausbildung trainiert, erleichtert diese Kompetenz das Lösen und Bearbeiten von Aufgaben.

Zusammenfassend muss nochmals die Dringlichkeit vor Augen geführt werden, dass in heutigen Zeiten der Informationsüberflutung und der damit verbundenen regelrechten Explosion von Faktenwissen die Methode der additiven Wissensaneignung an ihre Grenzen stößt. Neue Lernstrategien müssen konzipiert, eingesetzt und erprobt werden. Von Interesse ist deshalb die Entwicklung einer Handlungsstrategie, um diese Anforderungen in eine neue Form eines neuen Lernprozesses umzusetzen.

Ein gelingendes strategisches Vorgehen bei der Konzeption und Entwicklung von Lernprozessen ist immer gekennzeichnet durch vorhandenes qualitatives Wissen und verfügbare Mittel zur Strukturierung des Aufgabenlöseprozesses.

Daraus entstehen Handlungsvorlagen durch die Abstraktion von spezifischen Erfahrungen. Das kann unbewusst oder ganz bewusst durch pädagogische Intervention geschehen. Folglich kann damit dann auch der Transfer auf neue Situationen gelingen. Für die erfolgreiche Anwendung ist ein dauerhaftes Trainieren der Strategien von Bedeutung, beispielsweise durch den Einsatz heuristischer Regeln oder aber effizienter durch den Einsatz der Komplexitätsreduktion.

9 Die Entwicklung einer hochadaptiven Lernstrategie nach dem Prinzip der „Kreativitätsschiene"

Wie die vorangegangene Untersuchung zeigt, ist selbstständiges Lernen und Handeln während des Arbeitsprozesses selbstverständlich, aber noch nicht nachhaltig gestützt und effektiv gestaltet. Vor dem Hintergrund arbeitsmethodischer Techniken wie Problemlösefähigkeit mit kognitiven Trainingsverfahren und Kreativitätstechniken wird eine Neuorientierung im Bereich systematischer Lernstrategien angestrebt und mit der Entwicklung der Handlungsstrategie für die Aus- und Weiterbildung nach dem Prinzip einer „Kreativitätsschiene" umgesetzt.

Mit dem didaktisch-methodischen Konzept der Komplexitätsreduktion, der Bewahrung der Ganzheitlichkeit, der Überleitung von Sach- in Handlungslogik und der Entwicklung einer Lernstrategie wird der Vermittlung komplexer Lerngegenstände ohne Überforderung und Motivationsverlust Rechnung getragen.

Die bei der Entwicklung der eigenbenannten „Kreativitätsschiene" eingesetzten Elemente der Abstraktionsfähigkeit und der Komplexitätsreduktion basieren auf methodischen Grundlagen der Didaktischen Reduktion. Der von Hering und Lichtenecker eingeführte (vgl. Hering/Lichtenecker 1966) und von Grüner genutzte Begriff der Didaktischen Reduktion bezeichnet die Reduzierung und Vereinfachung komplexer Themen, um sie für Lernende aufzubereiten, indem komplexe Sachverhalte auf ihren Kern zurückgeführt werden und nach und nach wieder aufgebaut werden. Somit sind diese Themenkomplexe für Lernende überschaubar und begreifbar. „Die Diskussion über den Umgang mit Stofffülle und die entsprechende Umsetzung von Aussagen und Inhalten wurde durch Dietrich Hering grundlegend angestoßen. In seiner Schrift über die didaktische Vereinfachung ging er das Problem der Fasslichkeit wissenschaftlicher Aussagen an. Hering tat dies vor dem Hintergrund der Erfahrung, gleiche Inhalte (Wissensinhalte) an unterschiedlichen Schultypen wie technische Hochschule, technische Fachschule und Berufsschulen unterrichten zu müssen" (Lehner 2012, S. 54).

Ziel der didaktischen Reduktion ist somit die Anpassung von Inhalten auf den Bedarf und die Möglichkeiten der lernenden Person. Dies umfasst die Vereinfachung komplexer Inhalte sowie deren adressatenspezifische Präsentation.

Bei der qualitativen didaktischen Reduktion geht es weniger um den Lernstoff selbst, sondern eher um die Art und Weise der Erschließung. Dabei soll eine entsprechende Lehrmethode gefunden werden, um den Lernstoff auf eine andere, verständliche Weise darzulegen und in spezieller Form zu ermöglichen.

Grüner gliederte die qualitative didaktische Reduktion in seiner Publikation „Die didaktische Reduktion als Kernstück der Didaktik" in die zwei Bereiche der vertikalen und der horizontalen didaktischen Reduktion. Während die vertikale Reduktion einer Inhaltsreduktion nahe kommt, die nur auf die Kernaussagen zurück greift und dabei sowohl der Schwierigkeitsumfang als auch der Gültigkeitsumfang eingeschränkt werden, um eine verständliche Präsentation zu ermöglichen, wird bei der horizontalen Reduktion am fachlichen Sachverhalt nichts verändert. Die Reduktion besteht darin, dass abstrakte Aussagen anschaulich durch Hilfsmittel wie Skizzen, Bilder, Versuche, Filme oder andere Methoden erläutert werden (vgl. Grüner 1967).

Während sich Grüners Konzept der didaktischen Vereinfachung auf die Reduktion von mehr abstrakten Gesetzmäßigkeiten bezieht und beispielhaft anhand des Hebelgesetzes seine Spezialfälle eines allgemeingültigen Gesetzes ableitet, erhöht er genau über diese Reduktion einer Sachlage die Fasslichkeit jener Aussage. Hering hingegen geht den Weg der Generalisierung, ausgehend von einer Detaillierung zu allgemeingültigen Aussagen. „Der Grundgedanke bei Hering ist, dass die Vereinfachung, ausgehend von differenzierten Aussagen, schrittweise zu weniger differenzierten Aussagen unter Beibehaltung des Gültigkeitsumfanges zu erfolgen hat. Dementsprechend heißt es im ‚Hauptsatz der didaktischen Vereinfachung': ‚Didaktische Vereinfachung einer wissenschaftlichen Aussage ist der Übergang von einer differenzierten Aussage zu einer allgemeinen Aussage'. Die Vereinfachung bewegt sich stufenweise vom Differenzierten zum Vereinfachten, und am Schluss steht eine vereinfachte Aussage mit der kleinsten Zahl von Merkmalen, die das Allgemeine noch aussagen" (Lehner 2012, S. 55).

Die umfangreiche Auseinandersetzung mit Arbeitsprozessen der IT-Branche zeigte auf, in welchem Umfang, wie schnell, zeitnah und kostengünstig das Lernen von statten gehen muss, um einerseits die in den Rahmenlehrplänen vorgeschriebenen Lerninhalte zu lernen und gleichzeitig die aktuellsten Informationen und beruflichen Trends von morgen aufnehmen und umsetzen zu können. Die Herausarbeitung und Darstellung des bisher unbekannten Arbeitsprozesswissens diente dabei als Grundlage für die Entwicklung eines neuen Lernkonzepts im Kontext explorativen, kreativen und selbstständigen Lernens.

Frei nach dem Leitsatz „Lernen heißt entdecken, was mir möglich ist" des Gestalttherapeuten Friedrich Salomon Perls (vgl. Perls 2007) wird Kreativität gefördert und impliziert in ihrer Bedeutung als ein Geschehen und Wachsenlassen ein gestalterisches Einfügen in Wachstumsprozesse.

Kreativitätsforscher bestätigen in aktuellen Studien, dass Kreativität von großer Bedeutung ist bei der Bewältigung der wachsenden Herausforderungen in Alltag und Berufswelt und über ein Gelingen oder Scheitern entscheiden kann.

Dabei sind elementare Kenntnisse von kreativer Arbeits- und Lebensgestaltung wie Begabung, Wissen, Motivation, Persönlichkeitseigenschaften und Umgebungsbedingungen Voraussetzung für die Umsetzung im Bereich Erziehung, Bildung und Beruf, Aus- und Weiterbildung. Der kreative Prozess läuft unter neurowissenschaftlichen Aspekten in fünf Prozessschritten ab, beginnend bei der Vorbereitungsphase, der Inkubation und Illumination, der anschließenden Realisierung bis hin zur Verifikation. Kreativität inspiriert die Persönlichkeitsentwicklung durch fördernde Bedingungen. Das eigentlich Schöpferische dabei ist eine Verbindung von kulturellen, psychologischen und neurobiologischen Kreativvorstellungen (vgl. Holm-Hadulla 2007).

„Die neuere neurobiologische Kreativitätsforschung zeigt, dass konstruktive mentale Prozesse von einer Zunahme begleitet werden. (…) Kreative Prozesse werden aus neurowissenschaftlicher Sicht durch ein Gleichgewicht von Konzentration und Distraktion begünstigt, ein Befund, der psychologischen Theorien zur Balance von konvergentem und divergentem Denken entspricht" (Holm-Hadulla 2011, S. 10).

Auf einen selbstständigen Lernprozess aufbauend, das Lernen neu angedacht und unter kreativen Aspekten weiterführend konzipiert, setzt die neue handlungs- und kompetenzorientierte Lernstrategie an dem Punkt an, wo das durch den Wandel von Arbeitsprozessen entstandene unbekannte Wissen aufgedeckt und durch den Einsatz der Komplexitätsreduktion für jedermann autodidaktisch lernbar wird. Mit Lernen dem Wandel begegnen – es gilt also, die Bereitschaft und die Motivation zu einem selbstständigen und lebenslangen Lernen anzuregen und gezielt zu fördern.

9.1 Das Prinzip einer „Kreativitätsschiene"

Die Entwicklungen am Arbeitsmarkt zeigen, dass das in der Berufsausbildung erworbene Fachwissen in der Regel zwar immer noch eine solide Basis für eine Erwerbstätigkeit darstellt, jedoch nicht mehr alleine ausreicht: Kurzfristige Aktualisierung, Erweiterung und auch Austausch des Basiswissen sind gefragt. Auch die Sicherung des eigenen Arbeitsplatzes kann nur durch rechtzeitige, auf eigene Initiative folgende Fortbildung geschehen.

Die Fortbildung darf sich aber nicht nur auf fachbezogene und fachübergreifende Wissensanhäufung beziehen, sondern muss auch zu analytisch-abstrahierendem Denkvermögen wie Abstraktionsvermögen und Strukturdenken befähigen und zu einer selbstverständlichen Bereitschaft zum permanenten und selbstständigen Weiterlernen führen.

Es besteht nun die Möglichkeit, genau diese Wachstumsphänomene im Wissensbereich um technologische Vorgänge und Systeme durch den einzelnen

Facharbeiter und Spezialisten abzufangen, ohne dass diese Person sich ständig auf Fortbildungen mit einem enormen Zeit- und Kostenfaktor befindet. Dies ist umsetzbar durch die so genannte Kreativitätsschiene, die im Berufsleben eine stete Innovationsanpassung vornimmt. Diese Kreativitätsschiene muss jedoch in der Ausbildungsphase erlernt und trainiert werden. Es handelt sich dabei um eine Abstraktionsfähigkeit, das bedeutet das Arbeiten mit Kriterien zur Analyse eines komplexen Phänomens und zu dessen synthetisierenden Transfers auf das im dualen System erworbenen Faktenwissen in Form von physikalisch-technischen Grundlagen. Diese Strategie entspricht einer autodidaktischen Fortbildung, ausgehend von der Basis des Faktenwissens und dem gleichzeitigen Lernen einer allgemeingültigen Methode der Wissensermöglichung.

Abbildung 24: Das Prinzip der Kreativitätsschiene

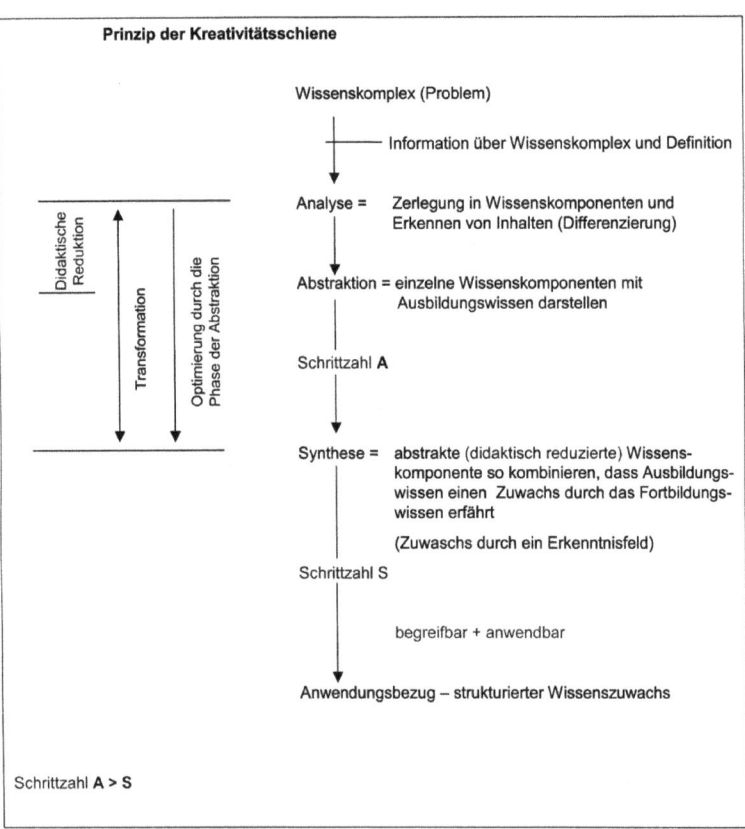

Quelle: Eigene Darstellung 2011

Die Kreativitätsschiene ist entwickelt als ein Instrument zum selbstständigen Ausgleich selbst erkannter beruflicher Defizite und birgt eine Holschuld des Arbeitnehmers. Durch die Anwendung der Kreativitätsschiene wird die Berufsqualifikation immerwährend aktuell angepasst.

Das Prinzip der Kreativitätsschiene gestaltet sich in zwei großen Lösungsschritten, Schrittzahl A und S, wobei die Gewichtung im Rahmen einer gezielten Ausbildung in Elementen der Abstraktionsfähigkeit und der Komplexitätsreduktion eindeutig zugunsten des ersten Schrittes, Schrittzahl A, ausfällt.

9.1.1 Grundsätzliches Prinzip

Das Prinzip der Kreativitätsschiene setzt an mit dem Erkennen eines Wissenskomplexes im beruflichen Arbeitsprozess durch die arbeitende Fachkraft. Aufgrund der unbekannten Aspekte des Wissenskomplexes stellt das unbekannte Wissen ein Problem dar und nähere Informationen darüber müssen eingeholt, Definitionen vorgenommen werden.

Abbildung 25: willkürlicher Aufgaben- und Problemkomplex

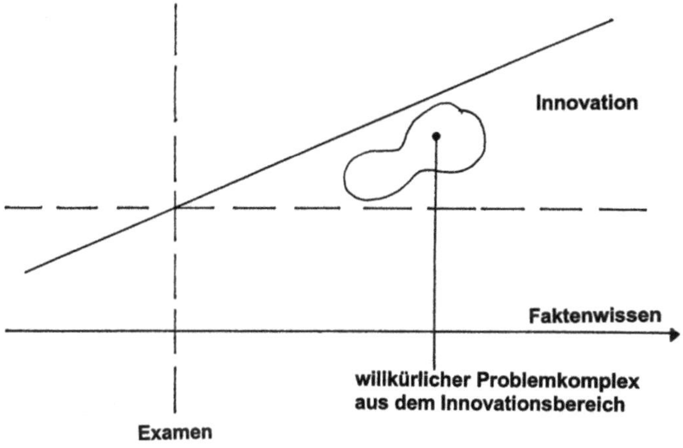

Quelle: Eigene Darstellung 2011

9.1.2 Problemlösungsschritte

Das weitere strategische Vorgehen sieht eine Analyse vor, in der der Wissenskomplex in einzelne Wissenskomponenten zerlegt wird. Eine Differenzierung lässt dabei die Erkennung und die Aussage über bereits bekannte und noch unbekannte Wissensinhalte zu.

Auf der Höhe des Analyse greift die Wirkung der Didaktischen Reduktion. So können vereinzelte Wissenskomponenten mit dem Ausbildungswissen bzw. Faktenwissen dargestellt werden, eine Optimierung erfolgt durch die Phase der Abstraktion. Diese Abstraktion ist bezeichnend für die Reduktion der Komponenten des unbekannten Fortbildungswissens auf bekanntes Wissen.

Über den Problemlöseschritt der Abstraktion erfolgt die Transformation von der Analyse zum Punkt der Synthese. Dieser Problemlöseschritt ist mit der Schrittzahl A benannt. Bei der Synthese werden nun die erhaltenen Komponenten zusammengesetzt. Genauer betrachtet bedeutet dieser Vorgang, dass die nun abstrakten, didaktisch reduzierten Wissenskomponenten so zusammengesetzt und kombiniert werden, dass das Ausbildungswissen einen Zuwachs durch das Fortbildungswissen erfährt. Der Zuwachs erfolgt durch ein mosaikartiges Erkenntnisfeld.

Abbildung 26: Lösungsschritte

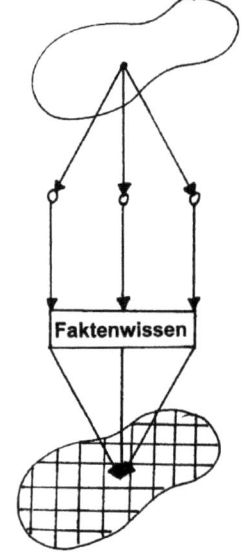

Wissenskomplex

Analyse ≙ Zerlegung in Komponenten

Abstraktion ≙ Reduktion der Komponenten auf Faktenwissen

Synthese ≙ Zusammensetzen der Komponenten

Quelle: Eigene Darstellung 2011

9.1.3 Strategischer Ansatz

Der Zuwachs durch das Fortbildungswissen erfolgt über ein Erkenntnisfeld, dass sich mosaiksteinhaft zusammensetzt. Die schraffierten Felder spiegeln die

Erkenntnis, die weiß gehaltenen Felder ergeben sich zwangsläufig aus der Kombination der abstrakten und didaktisch reduzierten Wissenskomponenten.

Die Strategie dabei besagt, dass in der Synthese nicht alle Felder erkannt werden müssen, um den Problem- bzw. den Wissenskomplex zu erkennen.

Abbildung 27: Erkenntnisfeld

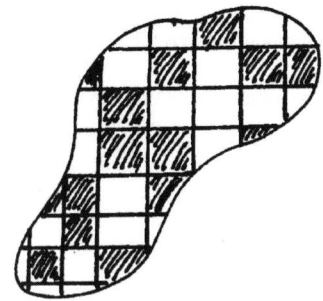

schraffiert ≙ Erkenntnis

weiße Felder ≙ ergeben sich zwangsläufig

Quelle: Eigene Darstellung 2011

In der Darstellung des Gesamtverlaufs ergibt sich folgendes Schaubild:

Abbildung 28: Kreativitätsschiene im schematischen Gesamtverlauf

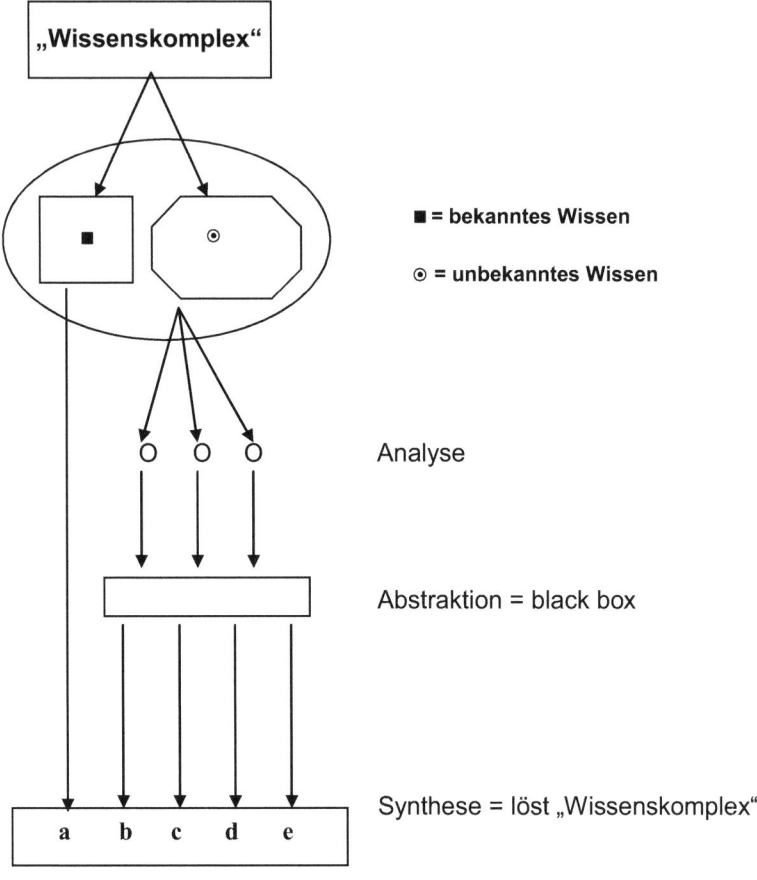

Bekanntes Wissen **a** /abstrahiertes Wissen **b-e**
Quelle: Eigene Darstellung 2011

Die Lösung des Wissenskomplexes, auch Lösung der Aufgaben- und Problemstellung genannt, ergibt sich aus der mosaiksteinhaften Zusammensetzung der in der Synthese erhaltenen Wissensparametern. Aus dem bereits bekannten Wissen **a** in Kombination mit dem nun abstrahierten Wissen **b-e** gestaltet sich ein Lösungsraum mit den Lösungsbeispielen a+b, a+c, a+d, a+e etc.

9.2 Umsetzung der Kreativitätsschiene als Teil der dualen Erstausbildung

Den finalen Lösungsschritt der Kreativitätsschiene bildet die Umsetzung und der Bezug des strukturierten Wissenszuwachses auf neue Anwendungsfelder im beruflichen Arbeitsprozess. Dieser Problemlöseschritt ist mit der Schrittzahl S benannt und bildet den Transfer auch auf die praktische Gestaltung der schulischen Erstausbildung in einem der IT-Ausbildungsberufe.

Das Prinzip der Kreativitätsschiene kann in bestimmten schulischen Lehreinheiten und Lernfeldern ihre Umsetzung und Anwendung finden. Dafür muss sie nicht als Zusatzfach angelegt werden, sondern wird anhand und mit den Unterrichtsinhalten trainiert.

Ein vergleichender Blick auf die in Kapitel 5 vorgestellten Lernfelder der fünf neuen Ausbildungsberufe der Informations- und Kommunikationstechnologie gibt Aufschluss darüber, dass beispielsweise das Lernfeld über einfache IT-Systeme mit einer durchweg hohen Stundenzahl im Rahmenlehrplan aufgeführt ist. Neben den überschaubaren Unterrichtsinhalten ist die Tatsache der höheren Stundenbemessung ein Kriterium für die geeignete Umsetzung der entwickelten Lernstrategie nach dem Prinzip der Kreativitätsschiene in diesem Bereich der schulischen Erstausbildung.

Beispielhaft stehen die zu erfassenden Wissenskomplexe A und B im Bereich der dualen Erstausbildung in Abbildung 29, wobei A und B in der Anwendung Lehreinheiten aus den Unterrichtsthemen rund um die Software und Schulung der Kunden darstellen können. Trainiert im Berufsschulunterricht, kann die Anwendung sofort in der betrieblichen Ausbildung erfolgen.

Abbildung 29: schulische Lehreinheiten A + B

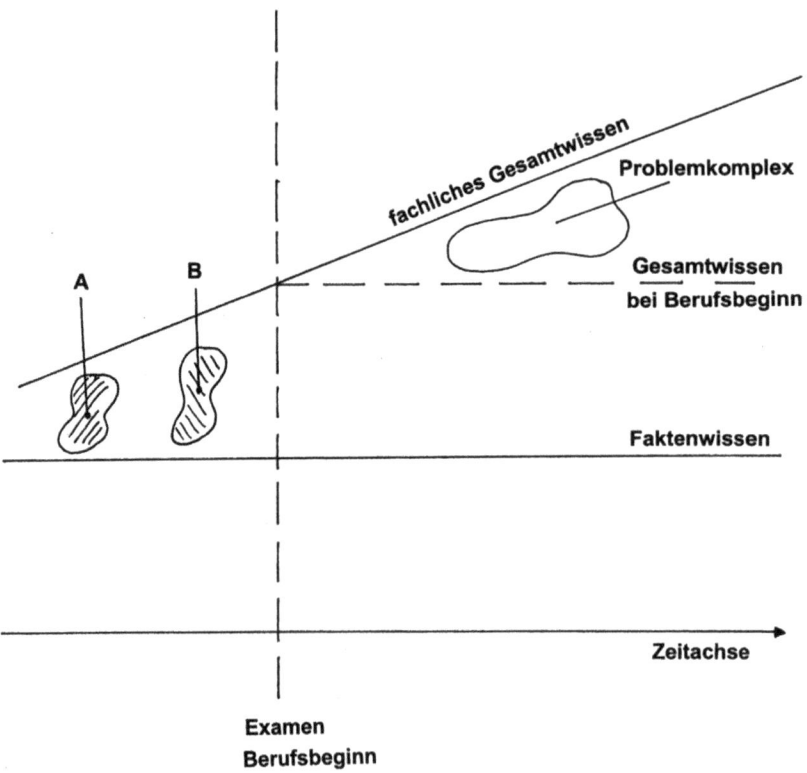

Quelle: Eigene Darstellung 2011

9.3 Effekt der autodidaktischen Gleichzeitigkeit

Die Lernstrategie nach dem Prinzip der Kreativitätsschiene besitzt den autodidaktischen Ansatz einer Lösungsfindungsstruktur, der sowohl für die Erstausbildung als auch für die spätere Fort- und Weiterbildung im Berufsleben notwendig ist – notwendig für die Absicherung des Arbeitsplatzes und notwendig für Weiterentwicklung und Karriere.

So werden die im vorherigen Kapitel besprochenen und abgebildeten Lehreinheiten A und B der Erstausbildung mit dem Effekt der autodidaktischen Gleichzeitigkeit unterrichtet. Das bedeutet, dass die Vermittlung des fachlichen Wissens und die Vermittlung von Fort- und Weiterbildungsmöglichkeiten gleichzeitig vorgenommen wird.

Inhaltlich eingebunden in die Rahmenlehrpläne der Kultusministerien, wird gleichzeitig die Methode der autodidaktischen Fortbildung angeboten und trainiert. Die Auszubildenden lernen zu erkennen, dass sie stete Weiterbildung benötigen, dass sie sich zum bestehenden Wissen das Wissen um Weiterentwicklung aneignen müssen, um auf dem Arbeitsmarkt bestehen zu können. Und sie lernen, sich auf ein Instrumentarium zu fokussieren, um das noch unbekannte Wissen der Weiterentwicklung zu erfassen und in das jeweilige vorhandene Basiswissen einzuflechten.

9.4 Prophylaktische und punktuelle Anwendung der Kreativitätsschiene

Bezogen auf den Zeitverlauf erfährt ein Berufsfeldwissen eine ständige Fortentwicklung durch die zugehörige und exponentiell ansteigende technische Innovation.

Ein Arbeitsprozess in diesem Berufsfeld verlangt aus dem Berufsfeldwissen das entsprechende Arbeitsprozesswissen, das sich aus einem beruflichen Ausbildungswissen, einem Fortbildungswissen und einem Teil an unbekanntem Wissen zusammensetzt. Damit bilden die Wissensbereiche eine aufeinander aufbauende Wissenspyramide für den entsprechenden Arbeitsprozess.

Bei einer auftretenden und zu bewältigenden Arbeitsstellung wird ein Arbeitsprozess angestoßen, bei dem ein bestimmtes Arbeitsprozesswissen vorhanden sein muss. Die gestellte Aufgabe kann bearbeitet und gelöst werden mit dem Anteil des bekannten Arbeitsprozesswissens und mit einem Wissensanteil, der punktuell in dem unbekannten Arbeitsprozesswissen liegt.

Die Praxis zeigt anhand der durchgeführten Arbeitsprozessanalysen, dass unbekanntes Arbeitsprozesswissen in der IT-Branche punktuell aus dem Internet genommen wird. Hierfür benötigen die IT-Fachkräfte keine Fortbildung, die Informationsverarbeitung geht schnell und der Vorgang ist kostenarm und mit wenig Zeitaufwand und ohne Schulungspersonal verbunden.

Mit dem Einsatz der Kreativitätsschiene kann Wissen prophylaktisch erarbeitet werden, aber auch rein punktuell bei aktuellen und unvorgesehenen Aufgabenstellungen. In der unten stehenden Abbildung ist das prophylaktisch angeeignete Wissen flächendeckend in den Balken A und B dargestellt. Das punktuell geforderte Wissen, ein kleiner, aktueller Bereich, wie die Suche nach einem Stichwort, ist als grauer Punkt innerhalb des unbekannten Arbeitsprozesswissens verbildlicht.

Die schraffierten Flächen der Abbildung zeigen das unbekannte Arbeitsprozesswissen, das derzeit mit keiner Fortbildung erfasst wird und daher als unbekanntes Wissen im Raum verbleibt. Zur punktuellen Aufgabenbewältigung nach dem Prinzip der Kreativitätsschiene kann eine IT-Fachkraft beispielsweise anhand der gestrichelten Linie bekanntes und unbekanntes Arbeitsprozesswissen nutzen.

Abbildung 30: prophylaktischer und punktueller Einsatz der Kreativitätsschiene

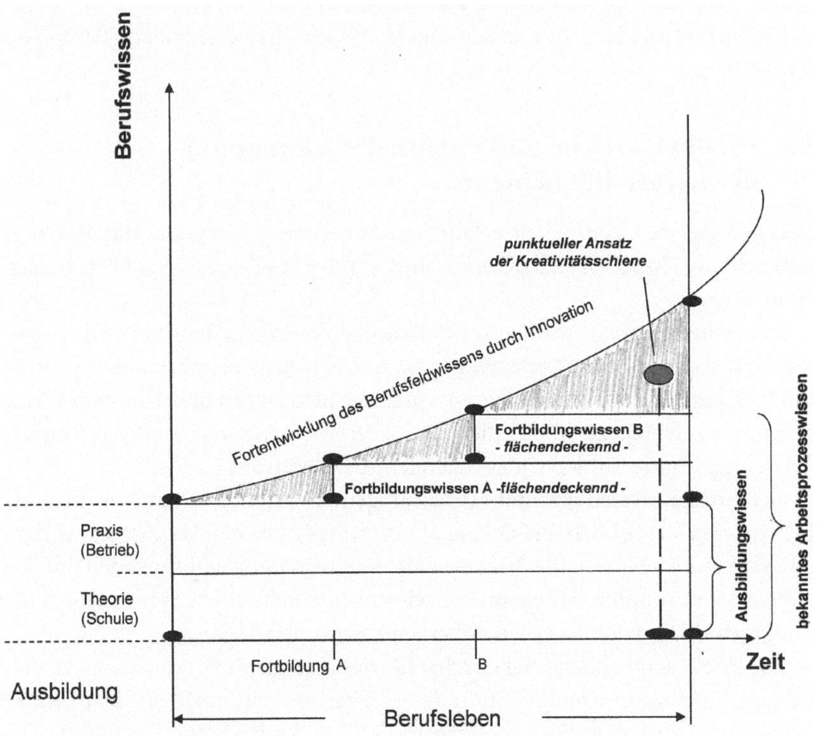

Quelle: Eigene Darstellung 2011

9.5 Kritische Reflexion – Vorteile der fachinhaltlichen Selbstqualifikation nach dem Prinzip der „Kreativitätsschiene"

Während der Stellenwert der betrieblichen Weiterbildung weiter zunimmt, werden dementsprechend auch die Kosten hierfür weiter steigen. Deshalb müssen die Unternehmen die Wirtschaftlichkeit der Weiterbildung künftig noch stärker ins Augenmerk rücken und überdenken.

Eingebunden in den Arbeitsprozess, erlaubt die berufliche Weiterbildung im IT-Sektor das erlernte Wissen direkt anzuwenden. Zudem stellt dieser Prozess eine wertvolle Personalentwicklungsmaßnahme dar. Der Fachkraft wird dabei allerdings fortwährend ein hohes Maß an Disziplin, Engagement und Eigenmotivation abverlangt.

Für eine Einbindung der Weiterbildung während der Arbeitszeit sind die zustimmende Absprache und eine einvernehmliche Festlegung zwischen Arbeitgeber und Arbeitnehmer notwendig. Mit der Anwendung der Kreativitätsschiene allerdings läuft die Weiterbildung kontinuierlich mit, so dass keine Absprachen notwendig oder verpflichtend sind.

Erkenntnisse schnell wachsender Anforderungen durch die permanenten fachlichen Veränderungen und die damit verbundenen Erfordernisse an die IT-Fachkräfte führt zur neu entwickelten Lernstrategie der „Kreativitätsschiene" als erarbeitetes Leitmodell für die Weiterbildung. Sie ist darauf ausgerichtet, zukünftige, innovative Wissensfelder aufzufangen, didaktisch umzusetzen und die schnelle Aneignung von neuem und komplexem Wissen autodidaktisch, zeit- und ortsungebunden zu ermöglichen.

Die „Kreativitätsschiene" als Lernkonzept im Kontext explorativen, kreativen und selbstständigen Lernens ist entwickelt als ein Instrument zum Ausgleich erkannter Defizite – beruflich wie privat –, nimmt eine stete Innovationsanpassung vor und birgt eine Holschuld des Wissens durch den Anwender selbst.

Ausgehend der vorangegangenen tiefgreifenden empirischen Untersuchungen der IT-Arbeitsprozesse ermöglicht der Einsatz des Leitmodells „Kreativitätsschiene" zum einen aufschlussreiche Erkenntnisse hinsichtlich der Relevanz der Profile und der erweiterten Profile von Facharbeitern und zum anderen hinsichtlich der Umsetzbarkeit dieser Profile in und für die Weiterbildung.

Auf dieser Grundlage kann mit der Entwicklung und dem Einsatz der „Kreativitätsschiene" ein wichtiger Beitrag zur Weiterbildung der in Hightech-Branchen wie die der Informationstechnologie tätigen Personen geleistet werden.

Bisher bedeutete eine Fort- und Weiterbildung immer Zeit- und Kostenaufwand, sowohl für das Unternehmen als auch für den Arbeitnehmer in der Fortbildung selbst. Für das Unternehmen geht Zeit verloren, in der sich die Fachkraft auf Fortbildungskurse, intern oder extern, befindet und die Fachkraft selbst muss anschließend die während dieser Fortbildungsphase angefallene Arbeit in kürzester Zeit nacharbeiten. Neben den Kosten für die reinen Weiterbildungskurse samt den Nebenkosten wie Anreise und Übernachtung, ergeben sich innerbetrieblich weitere Kosten aufgrund des Fehlens dieser Manpower.

Durch das Erlernen einer autodidaktischen Weiterbildungsmethode bereits in der Erstausbildung kann diesen Nachteilen entgegengesteuert werden.

Soft Skills wie Team- und Kommunikationsfähigkeit, Selbstständigkeit und Sozialkompetenz sind unabdingbar für das Bestehen und den Erfolg im Beruf. Fehlendes Faktenwissen wird in der Praxis per Social Media „schnell abgeholt", wie die empirischen Untersuchungen ebenfalls zeigten.

Die Befragungen der Fachkräfte deckte deren Interesse an der Absicherung ihres Arbeitsplatzes auf und spiegelte ihre Neugierde auf berufliches Vorankommen. Wünsche nach Möglichkeiten zur besseren Vorbereitung auf Aufgaben, nach Kompetenzerlangung für Innovationserkennung und -erfassung wurden artikuliert, um schneller und eigenständig mit Wissen reagieren zu können – auch den Arbeitskollegen gegenüber. Was fehlt ist ein strategisches Vorgehen bei der Strukturierung komplexen Wissens und der Schulung von Problemlösekompetenz.

Die genau auf diese Punkte hin entwickelte „Kreativitätsschiene" geht auf diese Wünsche ein und behebt die anstehenden Probleme. Allerdings muss die Handhabung dieses Ansatzes eingeübt werden. Am besten erfährt sie ihren Einsatz bereits in der beruflichen Erstausbildung, beispielsweise wie weiter vorne angedeutet im Fach „einfache IT-Systeme".

Anders als in traditionellen Branchen, sind gerade in der IT-Branche Kinder und jugendliche Nutzer die Vorreiter und Vorbilder der Erwachsenen im Agieren im world wide web und in der Weiterentwicklung von Social Media. Diese Einzigartigkeit muss weiter beobachtet, aufgegriffen und in Weiterbildungskonzepten eingebunden werden. Dennoch ist zum jetzigen Zeitpunkt das Fortbestehen der aktuellen Curricula notwendig und sinnvoll, um überhaupt weiter Anhaltspunkte für die Ausbildung zu haben, wenn diese auch bereits aus dem Jahre 1997 stammen und komplett veraltet sind. Ein Umdenken muss stattfinden, das sukzessive eingeläutet wird, sowohl bei den Länder-Verantwortlichen für Bildung als auch beim Lehrpersonal und natürlich bei den Lernenden. Das Einüben der Handhabung der „Kreativitätsschiene" bedeutet neues Lernen für alle Beteiligten und muss in einen neuen Rahmenlehrplan verankert werden, bevor das Leitmodell der Weiterbildung als angedachter Selbstläufer zukünftig in allen Gesellschaftsschichten, beruflich und privat, genutzt wird.

Durch das Erlernen einer autodidaktischen Weiterbildungsmethode bereits in der Erstausbildung kann diversen Nachteilen entgegengesteuert werden.

Die Anwendung der Lernstrategie nach dem Prinzip der Kreativitätsschiene zeigt hier nicht nur Vorteile im Bereich von Zeit- und Kosteneinsparungen. Anhand des Selbstgesteuerten Lernens mit individuellem Lerninhalt am realen Projekt wird das Prozessdenken gefördert und es erfolgt ein kontinuierlicher Kompetenzerwerb im Arbeitsprozess hinsichtlich effizienter Handlungskompetenz, Fachkompetenz und Lernkompetenz. Und das bis ins hohe Alter.

So profitieren auch ältere Arbeitnehmer vom universellen Einsatz dieser Lernstrategie.

Die personenbezogene „Alterungskurve" gilt biologisch bedingt und zeigt den rein biologischen Alterungsprozess eines Menschen, ohne zusätzlich aufbauende Faktoren wie beispielsweise altersgerechtes Fitness- und Aufbautraining. Die Kurve spiegelt die Änderung der Aufnahmefähigkeit über das fortlaufende Lebensalter hinweg.

Abbildung 31: Alterungskurve

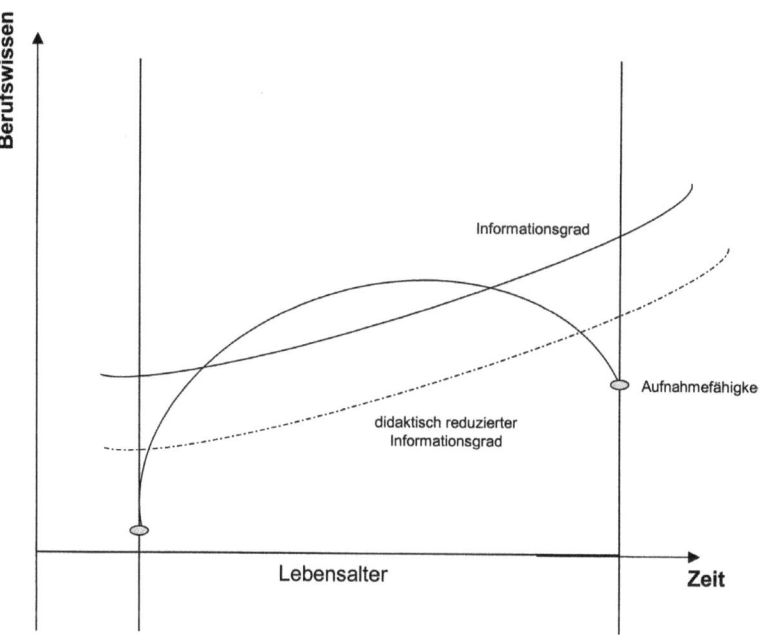

Quelle: ECKSTEIN 1996

Die Lernstrategie der Kreativitätsschiene berücksichtigt die Lernfähigkeit jeden Alters und mit ihrer Anwendung und der damit verbundenen Komplexitätsreduktion von Wissen wird dieses analysierte und synthetisierte Wissen für die Aufnahme verständlicher und gleichzeitig besser und im Lebenslauf länger aufgenommen.

Die Verbindung der Lebenskurve mit der Linie des didaktisch reduzierten Informationsgrades zeigt eine eindeutig längere Aufnahmefähigkeit von Wissen im gesamten Lebenslauf. Die Kreativitätsschiene bedient hier gleich zwei unterschiedliche Aufgaben. Zum einen den früheren, allgemeinbildenden und unterstützenden Berufseinstieg und zum anderen den späteren, berufsbildenden und arbeitsplatzsichernden Berufsalltag bis hin zum Berufsausstieg.

Die Kreativitätsschiene weist auch hier klare Vorteile als ein überzeugendes Leitmodell der Weiterbildung auf, gerade im aktuellen Kontext der Diskussionen um längere Lebens-Arbeitszeiten.

10 Schlussbetrachtung

Was hat eine Wolke mit Wissen und Weiterbildung zu tun? Wie kann sie darin integriert werden? Relevante Fragen für das vorgelegte Forschungsvorhaben „Autodidaktisches Lernen in informationstechnischen Berufen mit Elementen der Abstraktionsfähigkeit und Komplexitätsreduktion", denn die Welt ist umgeben von Informationen in einer von schnelllebigen Innovationen geprägten Zeit.

Lernen und Arbeiten wachsen im Zeichen der Zeit immer stärker zusammen. Das bedeutet, dass der Lernprozess zukünftig ausschließlich am Wissensstand der Lerner, an deren Lernerfahrung, Lerntempo und Lernmotivation, aber auch an den individuellen Bedürfnissen der Lerner gemessen wird. Dabei entscheidend ist nicht nur der reine Wissenserwerb, sondern auch das vorhandene Wissen als Erfahrungswissen im Austausch mit Kollegen und Freunden zu erneuern, zu ergänzen und zu vernetzen.

Der Wandel der Arbeit in der Zeit macht sich auf dem Arbeitsmarkt deutlich bemerkbar. Während des Arbeitslebens wird ein Arbeitnehmer nicht bei seinem erlernten Beruf bleiben, sondern zwei bis drei verschiedene Beschäftigungen ausüben. Es gilt, die immer neuen Anforderungen zu meistern. Durch die geringe Halbwertzeit von Faktenwissen und Informationszugängen wird der Mitarbeiter schon fast zu aktiver Lernbeweglichkeit gezwungen. Die Bereitschaft zu Lebenslangem Lernen bezeichnet längst eine neue Schlüsselqualifikation. Das Konzept des Lebenslangen Lernens reagiert auf die gesellschaftlichen Herausforderungen mit der Propagierung des Selbstgesteuerten Lernens. Es ist quasi ein Relaunch des Lernens im Arbeitsprozess und zeichnet die wachsende Lern- und Prozessorientierung während der Arbeitsphase auf (vgl. DEHNBOSTEL 2007, S. 15). Die Lernfähigkeit eines Menschen bleibt nur durch ständiges Weiterlernen erhalten. Auch deshalb darf berufliches Lernen nicht mit der Ausbildung abgeschlossen sein.

Da sich Wirtschaft und Arbeitsmarkt in einem beschleunigten Strukturwandel befinden, ergeben sich hieraus neue Anforderungen an Wissen, Qualifikation und Kompetenz der einzelnen Arbeitnehmer. Davon betroffen sind aber auch gesellschaftliche Faktoren und nur lebenslange Weiterentwicklung von Kenntnissen und Fähigkeiten anhand informeller und selbstgesteuerter Lernprozesse trägt nachhaltig zum Erhalt des Lebensstandards bei. Tendenziell fragen immer mehr Unternehmen nach innovativen und individuellen IT-Lösungen, die ihren flexibleren Strukturen gerecht werden. So werden junge Spezialisten gesucht, die neben ihrer Fachqualifikation abstrakt und logisch-analytisch denken können. Um ihre eigene Marktfähigkeit erhalten zu können, betreiben sie Weiterbildung in eigener Sache.

Auch für die Unternehmen selbst ist es ein entscheidender Wettbewerbsvorteil, wenn die Mitarbeiter im Arbeitsprozess eigenverantwortlich handeln und sich selbstgesteuert fehlendes Wissen aneignen. Hierfür wird ein Umdenken in der Gestaltung des Lernprozesses und der Lernmittel erforderlich sein, Entscheidend dabei ist die Integration der neuen und medialen Technologien in die Lernprozesse. Somit werden zusätzlich informelle und selbstgesteuerte Lernprozesse untermauert und bisher bewährte Lernmethoden mit eingebunden. Für die Zukunft bedeutet dies, dass bei Qualifizierungskonzepten die klassischen Methoden mit den neuen Technologien vermischt werden, blended eben.

Die Änderung betrieblicher Organisationsstrukturen und Arbeitsformen geben neue Lernziele vor. Diese zu erreichen, verlangen und ermöglichen neue Lernformen, die nicht nur die Arbeitswelt betreffen, sondern auch in die Privatsphäre hineinreichen.

Selbstgesteuertes und Selbstorganisiertes Lernen sind oft eingesetzte Methoden, um den Lernenden mehr Kompetenz und Verantwortung beim Lernen zu übertragen, gerade und besonders im Prozess der notwendigen und veränderten Lerneinstellung. Durch die Anwendung der Methoden des Selbstgesteuerten und Selbstorganisierten Lernens wird der Lernende immer stärker seinen Qualifizierungsbedarf selbst erkennen und motiviert seine gegebenen und angelernten Fähigkeiten beruflich und im gesellschaftlichen Kontext ein Leben lang eigenverantwortlich und autodidaktisch ausbauen. Die faszinierenden Mechanismen zur Informationsaufnahme und Informationsspeicherung des menschlichen Gehirns werden beim autodidaktischen Lernen für den selbstständigen Erwerb von Information und Können genutzt.

Innovationen erzeugen Fortentwicklung, die umfangreicheres Berufswissen bedingen. Dahinter verbirgt sich unbekanntes Fortschrittswissen, um den erforderlichen Wissensbedarf, auch als das geheime Wissen tituliert, das es zu erkennen gilt. Um im Vorfeld der in dieser vorliegenden Forschungsarbeit grundlegenden Konzeption einer innovativen Lernstrategie für einen autodidaktischen Lernprozess das hierfür auch zu untersuchende Verhältnis von Wissen und Können in der beruflichen Arbeit der IT-Ausbildungsberufe genauer beleuchten zu können, war das geheime Arbeitsprozesswissen und die sich daraus ergebende Kompetenz eines IT-Facharbeiters zu erforschen, um dann in einem zweiten Schritt diese Erkenntnis in die berufliche Aus- und Weiterbildung einflechten zu können.

In drei aufeinander aufbauenden forschenden Fragestellungen wurden zuerst bestehende Wissenszusammenhänge der Mitarbeiter in Unternehmen aufgezeigt, nicht erschlossene Lernprozeese innerhalb betrieblicher Arbeitsprozesse angeschaut, die Rolle von Wissensübertragung und Manifestation von Kompetenzen durch die Arbeit beleuchtet und dem geheimen, unbekannten Wissen nachgegangen, um eine Einblick zu erhalten, wie Lernkonzepte gestaltet sein müssen, die das Lernen auf der Basis des unbekannten Wissens unterstützen. Der sich aus den explorativen Erkenntnissen herauskristallisierte Kern belegt die Herausforderungen der IT-Fachkräfte, sich mit vielfältigen, „by the way" und nicht strukturiert erlernten Fähigkeiten durch den Dschungel an Informationsflut kämpfen und sich das nötige, erforderliche Wissen im oftmals unüberschaubaren Cyberspace selbstständig generieren zu müssen.

Aufgrund dieser in der Forschungsarbeit herausgearbeiteten Heraus-forderungen, treten weiterführende Fragen in den Vordergrund wie beispielsweise die der möglichen Regelung von Ausbildungsberufen, wenn dafür relevante Entwicklungen nicht absehbar sind und schnelllebige Innovationen zu kurzfristig für die Einflechtung in Rahmenlehrpläne auf dem Anwendungsmarkt erscheinen. Die Profilierung der IT-Ausbildungsberufe ist aus diesem Grund kaum denkbar. Auch die Frage nach der Spezialisierung und Generalisierung angesichts eskalierender Halbwertszeiten des Wissens ist bisher noch nicht beantwortet.

Neues Wissen und aktuelle Trends in die tägliche Arbeitswelt einzubinden ist von größter Wichtigkeit. Ein erster strukturbildender Aspekt ist die Verbindung von Kenntniserwerb und Handlungsabläufen.

Praxisorientiert am Arbeitsplatz, können Arbeitskollegen mit ihrem jeweiligen Know-how untereinander bei Veränderungsprozessen behilflich sein und gemeinsam arbeitsrelevante Probleme lösen.

Die in dieser Forschungsarbeit bewusst angewandte Aktionsforschung hat das Potenzial, berufliche Zusammenhänge zu verändern und das professionelle Wissen zu erweitern. Anregung und gezielte Förderung der Bereitschaft und Unterstützung von selbstständigem und lebenslangem Lernen ist ein leistbarer Beitrag der Berufspädagogik.

In einem nächsten Schritt wurde aufgezeigt, wo Lernen andocken muss, damit die Lernenden unterstützt werden, sich unbekanntes Wissen selbstständig und nach dem Prinzip der Gleichzeitigkeit anzueignen.

Für die bestmögliche Beantwortung der Forschungsfragen und für authentische Ergebnisse als Grundlage für die Entwicklung und Gestaltung des neuen Weiterbildungskonzeptes „Kreativitätsschiene" als innovatives Leitmodell der Weiterbildung wurde das sichere methodische Vorgehen anhand von Arbeitsprozessstudien und Arbeitsprozessanalysen gewählt. Nur im Rahmen der Kopplung von Arbeitsbeobachtung und Expertengespräch zur kontextbezogenen Objektivierung von Interpretationen konnte bekanntes und unbekanntes Arbeitsprozesswissen erfragt und herausgearbeitet werden. In den fünf nacheinander durchlaufenden Schritten „Auswahl von Arbeitsprozessen", „Analyse der Gegebenheiten", „Festlegen der Fragestellungen", „vorbereitende Maßnahmen der Untersuchung" und

„Durchführung und Auswertung" wurden wichtige Erkenntnisse und Informationen gewonnen, die weiterführend in die Konzeption dieser neuen handlungs- und kompetenzorientierten Lernstrategie zur schnellen Erkennung von Innovationen und Tendenzen im Arbeitsgeschehen einflossen.

Der Wandel von Arbeitsprozessen für die Weiterentwicklung beruflicher Bildung war ein im Kontext der IT-Berufe bisher defizitär behandelter Bereich. Die zur Herausarbeitung der Bedeutung und Erschließung des geheimen Arbeitsprozesswissens eines IT-Facharbeiters gewählte und herangezogene Forschungsmethode basiert auf einer Kombination von Arbeitsbeobachtungen und handlungsorientierten Fachinterviews. Voraussetzung für eine notwendige subjektbezogene Perspektive ist dabei der Zugang zum Arbeitsprozess, das Fachwissen der Wissenschaftlerin über die Arbeitssysteme und Arbeitsabläufe, die Empathie zum befragenden Facharbeiter innerhalb seiner Arbeitsplatzsituation und das Wachsen des gegenseitigen Vertrauens.

Die in der vorgenommenen empirischen Studie der Arbeitsprozessanalysen gewonnenen Erkenntnisse wurden aufgenommen und in die Konzeption einer neuen Lernstrategie, der eigenbenannten „Kreativitätsschiene", eingeflochten. Im Mittelpunkt der Betrachtung und Weiterentwicklung von Lernstrategien stand das Zusammenwirken von lernender Person und Fachinhalten, denn letztendlich vollzieht sich Lernen auf einer Inhalts- und Prozessebene, wobei Wissensaneignung und möglicher Lösungsweg gleichzeitig thematisiert werden und in diesem Rahmen des Forschungsvorhabens neu angedacht wurde.

„Neues" entsteht häufig aus einer neuartigen Kombination von Bekanntem und unerlässlicher Veränderung und deren anwendungsbereichsübergreifender Übertragung. Lernbereitschaft plus Innovation plus Kreativität summiert sich zum Erfolg. Diese Zusammenstellung steht für den Einsatz der entwickelten Lernstrategie nach dem Prinzip der Kreativitätsschiene. So transportiert und transformiert diese hochadaptive Lernstrategie als ein Instrument der autodidaktischen Fortbildung Fortbildungswissen zum Ausbildungswissen und ermöglicht mit einer Gliederung von Wissensbereichen und der Festlegung von Prioritäten das Aufbrechen und Erkunden neuer Wissenskomplexe und das anschließende Verstehen neuer Wissenskomplexe.

Auf Grundlage der angewandten Aktionsforschung kann manifestiert werden, dass das konzipierte Weiterbildungsmodell für die Kompetenzentwicklung eines eigenverantwortlichen, selbsttätigen und effektiven Lernprozess steht.

Festzuhalten ist, dass mit Hilfe der „Kreativitätsschiene" in letzter Konsequenz alle empirisch gewonnenen Erkenntnisse aufgefangen werden können, sie berücksichtigt dabei die individuelle und altersbedingte Lernfähigkeit eines jeden Anwenders.

Als Resultat der Erhebungen aus der empirischen Untersuchung im IT-Sektor geht eindeutig hervor, dass Weiterbildung auch im inhomogenen Bereich der Informationstechnologie konzeptionell und längerfristig gestaltet und umgesetzt werden kann. Ein Beweis für den innovativen Charakter der „Kreativitätsschiene".

Der Transfer der Erkenntnisse hin zu einer subjektiv geprägten und auf Kompetenzentwicklung ausgerichtetes Referenzmodells kann und soll als eine Bereicherung der berufspädagogischen und berufswissenschaftlichen Forschung gesehen werden.

Die Gestaltung von kontinuierlichen und wirksamen Lernprozessen für individuelles und selbstgesteuertes Lernen als Voraussetzung für ein berufsbegleitendes Lernen wird von großen Unternehmen unterstützt und forciert. Und Hochschulen forschen an innovativen Lerntechnologien.

Lernstrategien helfen bei der Bewältigung von Stofffülle und Informationsüberfluss. Jede Person hat eine eigene Lernstrategie, die über die Reflexion von Lernprozessen im Sinne einer Metakommunikation erfahrbar ist. Im Unterschied zu Lernstilen und Lerntypen fokussieren die Lernstrategien die absichtsvolle, reflektierte und bewusste Gestaltung des jeweils eigenen Lernprozesses. Die Möglichkeit der eigenen Mitgestaltung von Zielen, Inhalten und Methoden spielen hierbei eine große Rolle. Von Beginn an geschult im eigenständigen Handeln und Weiterbilden, ermöglicht eine autodidaktische Bildung die rasche Erkennung wichtiger Innovationen und die gezielte Aneignung des benötigten innovativen Wissens. Mit Wissen schneller zu punkten ist demzufolge auch vorteilhaft auf dem Wirtschaftsmarkt.

Die mit der „Kreativitätsschiene" erworbene Wissenserweiterung dient im Rahmen des untersuchten beruflichen Praxisfeld der IT-Branche als Basis für Arbeitsplatzerhalt und aufstrebende Karrierechancen.

„Optimistischer Schlussakkord"

Durch augenscheinlich verkürzte Innovationszyklen, die dem Wettbewerb geschuldet sind, kommen technische Innovationen samt ihrer Software, ihrer Systemlösungen und Hardwareprodukte immer schneller auf den Markt. Das vorgelegte Tempo ist gewöhnungsbedürftig, während sich die Jugend diesem Tempo anpasst, klagen viele ältere Nutzer darüber. Kritisch zu sehen ist auch die Reaktion vieler Unternehmen mit der kontinuierlichen Verlagerung von Produktion und Dienstleistungen ins Ausland auf die Einschränkung von Handlungsräumen für notwendige Anpassungen durch die Wirtschaftsordnung. „Diese Verlagerungen treffen die IT-Branche in zweifacher Hinsicht: Zum einen werden damit IT-Investitionen, sei es für Arbeitsplätze, Abteilungsserver oder

Rechenzentren, in das Ausland verlagert und das adressierbare Marktpotential nachhaltig verringert. Zum anderen wächst die Bereitschaft, IT-Dienstleistungen aus dem Ausland zu beziehen. Beides hat verheerende Folgen in einzelnen Kundensituationen" (HRADILAK 2011, S. 18).

Durch aktuelle Modernisierungen von Ausbildungsordnungen in zwölf verschiedenen Berufen reagierte das Bundesministerium für Wirtschaft und Technologie auf neue Anforderungen mit Umsetzung und Inkrafttreten dieser neuen Ordnungen schon zu Beginn des Ausbildungsjahres am 01. August 2013. „Um unser duales Berufsbildungssystem made in Germany werden wir weltweit beneidet. Es ist zu Recht ein Erfolgsschlager und das Fundament für den Erfolg der Ausbildung in Deutschland. Nicht nur für Lern- und Leistungsstarke bietet es ein breites Spektrum an Berufen" (BMWI – Internet 44, S. 1) gab der damalige Bundesminister für Wirtschaft und Technologie, Dr. Philipp Rösler, seinen Stolz über das duale Ausbildungssystem als weltweiter Erfolgsschlager zum Ausdruck.

Gleich einer „digitalen Revolution" wird unsere Welt und damit auch unsere Arbeitswelt verändert – da gibt es keinen Weg zurück. Neben den daraus hervorkommenden positiven Aspekten wie den digitalen Fortschritt in der Computer-, Internet- und Kommunikationstechnik dürfen aber auch die negativen Aspekte nicht außer Acht gelassen werden.

So ist die Aus- und Weiterbildung der IT-Nachwuchskräfte wieder reformbedürftig. Trotz der vier entstandenen IT-Berufsbilder im Jahre 1997 müssten diese aufgrund des schnell fortschreitenden, immensen technologischen Wandels, der wachsenden Komplexität der Berufsinhalte und der damit verbundenen weit klaffenden Heterogenität neuer Berufsfelder branchenspezifisch aktualisiert und erweitert werden. Probleme treten auf. Die IT-Branche hat Probleme bei der Gewinnung von Fachkräften und Insider gehen davon aus, dass bis zum Jahr 2015 europaweit rund 700.000 Fachkräfte fehlen werden (vgl. IBM/SAP/CO. – Internet 43). Dennoch stärken neu entwickelte Technologien wie Cloud Computing und intelligente Netze wirtschaftlich den IT-Sektor in Deutschland.

Mit Schlagworten wie „IT-Branche erwartet Umsatzrekord" (IBM/SAP & Co. – Internet 43, S. 1) werden die guten wirtschaftlichen Aussichten proklamiert. Die IT-Industrie schaut optimistisch in die Zukunft und setzt verstärkt auf die Sparten „IT-Sicherheit" und „Soziale Netzwerke", also auf das gemeinsam genutzte Wissen im Internet.

Mehr denn je spielt im Zeitalter der digitalen Kommunikation und des Führens fast aller Geschäftsprozesse mit Soft- und Hardware die Sicherheit eine wesentliche Rolle. Es geht um privaten und wirtschaftlichen Datenschutz und Unternehmens-Know-how. Aktuelle Umfragen der ITK-Branche zeigen die Vorrangstellung des Bereiches der IT-Sicherheit im Vergleich zu weiteren künftigen

Arbeitsprioritäten wie die Verbesserung der IT-Performance, der Modernisierung der IT-Landschaft oder der Rekrutierung von geeigneten Fachkräften (vgl. BAYER – Internet 37, S. 5).

Wie bereits aus den Ergebnissen der durchgeführten Arbeitsprozessanalysen ersichtlich, spielt der Bereich der Sozialen Netzwerke als genutzte und zu nutzende Wissensplattform eine große Rolle. Mit der Nutzung von Social Media eröffnen sich neue Wissenszugänge. Die gemeinsame Nutzung und Aufarbeitung des im Netz zur Verfügung stehenden Datenmaterials wird zunehmend auch zu Zwecken der Weiterbildung genutzt und setzt ihren Trend im M-Learning, Cloud und Grid Computing fort. Interessant zu beobachten ist die Tatsache, dass im Bereich der Informationstechnologie das Erfahrungswissen nicht wie üblich von älteren Mitarbeitern und Privatpersonen auf Jüngere übertragen wird, sondern genau umgekehrt. Die in der Nutzung von Social Media versierte jüngere Generation bringt zudem Ihr Wissen für neue Entwicklungen mit ein.

Die Entwicklung mobiler Kommunikation steht erst am Anfang und die Weiterentwicklung wird in andere Richtungen als die bisher eingeschlagenen verlaufen – Kommunikation mit Mensch und Maschine, von jedem beliebigen Aufenthaltsort aus – Online-Zeit ist Social-Media-Zeit – (vgl. BAYER – Internet 37, S. 20). Die IT-Branche gestaltet sich immer flexibler und lässt sich in ihrem Wachstum nicht aufhalten, sie bietet damit auch weiterhin attraktive Berufsaussichten mit Zukunftsperspektive.

Die bisher auf Rahmenlehrplänen aufbauende duale Berufsausbildung folgt momentan noch veralteten Vorgaben aus dem Jahre 1997, gerade in dieser lebendigen, modernen und sich sehr schnell verändernden Branche kaum vorstellbar. Es stellt sich die Frage, ob Rahmenlehrpläne zukünftig überhaupt noch sinnvoll sind, da sie Innovationen der Praxis und deren zeitnahen Umsetzung nie nachkommen können. Dennoch wird es in der nächsten Zeit weiterhin Rahmenlehrpläne geben, denn unser Bildungssystem ist darin verwurzelt. Eine Aktualisierung hat aber höchste Priorität. Dafür müsste permanent das Arbeitsprozesswissen untersucht und die Veränderungen der IT-Branche mit aufgenommen werden.

Nur allmählich und Schritt für Schritt kann und wird es einen Wandel hin zum wahrlich selbstorganisierten und selbstgesteuerten Lernen geben. Eine erste Wende trat mit der veränderten Lehrerrolle als Berater und Coach der Lernenden ein. Den Lernenden in seiner beruflichen und privaten Umgebung systemisch gesehen, wurde die in dieser Forschungsarbeit konzipierte und vorgestellte Lernstrategie der „Kreativitätsschiene" ganzheitlich angelegt. Unter Zuhilfenahme von Aspekten der Aktions- und Kreativitätsforschung wird die Persönlichkeitsentwicklung jedes Einzelnen unterstützt, seine Kreativität und Kompetenzen gestärkt. Nur in dieser Weise werden handelnde Personen zu Experten ihrer beruflichen Praxis und ihres privaten Umfelds, verbinden Kenntniserwerb mit Handlungsabläufen und haben das Potenzial, Zusammenhänge zu verändern und ihr professionelles Wissen zu erweitern.

Die darauf ausgerichtete „Kreativitätsschiene" kann in Ihrer Anwendung innovative Wissensfelder auffangen, didaktisch umsetzen und die notwendig schnelle Aneignung neuen und komplexen Wissens autodidaktisch, zeit- und ortsungebunden ermöglichen, ein Novum berufspädagogischer Weiterbildung.

Sie will zum jetzigen Zeitpunkt noch nicht das System der Rahmenlehrpläne ersetzen, dennoch würde ein Modellversuch die Effektivität und einen zukünftigen Einsatz testen.

11 Literatur

ACHTENHAGEN, Frank: Lernen, Denken, Handeln in komplexen ökonomischen Situationen. In: ACHTENHAGEN, F./JOHN, E.G. (Hrsg.): Mehrdimensionale Lehr-Lern-Arrangements. Wiesbaden: Gabler Verlag, 1992, S. 39–42.

ACHTENHAGEN, Frank/LEMPERT, Wolfgang (Hrsg.): Lebenslanges Lernen im Beruf. Seine Grundlegung im Kindes- und Jugendalter (I). Das Forschungs- und Reformprogramm. Opladen: Leske + Budrich, 2000.

ACHTENHAGEN, Frank/LEMPERT, Wolfgang (Hrsg.): Lebenslanges Lernen im Beruf. Seine Grundlegung im Kindes- und Jugendalter (V). Erziehungstheorie und Bildungsforschung. Opladen: Leske + Budrich, 2000.

AEBLI, Hans: Psychologische Didaktik. Stuttgart: Klett Verlag, 1963.

AEBLI, Hans: Denken: Das Ordnen des Tuns. Band I: Kognitive Aspekte der Handlungstheorie. Stuttgart: Klett Verlag, 1980.

AEBLI, Hans: Denken: Das Ordnen des Tuns. Band II: Denkprozesse. Stuttgart: Klett Verlag, 1980.

AEBLI, Hans: Grundlagen des Lehrens. Eine Didaktik auf psychologischer Grundlage. Stuttgart: Klett Verlag, 1997.

ARBEITSGEMEINSCHAFT BETRIEBLICHE WEITERBILDUNGSFORSCHUNG e.V. (Hrsg.): Kompetenzentwicklung 2000. Lernen im Wandel – Wandel durch Lernen. Münster: Waxmann Verlag, 2000.

ARNOLD, Rolf: Weiterbildung. München: Verlag Vahlen, 1996.

ARNOLD, Rolf (Hrsg.): Qualitätssicherung in der Erwachsenenbildung. Opladen: Verlag Leske + Budrich, 1997.

ARNOLD, Rolf/SIEBERT, Horst: Konstruktivistische Erwachsenenbildung – von der Deutung zur Konstruktion von Wirklichkeit. Hohengehren: Schneider Verlag, 1997.

ARNOLD, Rolf/SCHÜßLER, Ingeborg: Wandel der Lernkulturen. Ideen und Bausteine für ein lebendiges Lernen. Darmstadt: Wissenschaftliche Buchgesellschaft Darmstadt, 1998.

ARNOLD, Rolf: Einführung in das Studium der Erwachsenenbildung. Vorbereitung auf didaktisches Handeln. Studienbrief der TU Kaiserslautern. Distance and Independent Studies Center, 2003.

ARNOLD, Rolf: Die emotionale Konstruktion der Wirklichkeit: Beiträge zu einer emotionspädagogischen Erwachsenenbildung. Baltmannsweiler: Schneider Verlag Hohengehren, 2005.

ARNOLD, Rolf: Ich lerne, also bin ich. Eine systemisch-konstruktivistische Didaktik. Heidelberg: Carl-Auer-Systeme-Verlag, 2007.

ARNOLD, Rolf/GOMEZ TUTOR, Claudia: Grundlinien einer Ermöglichungsdidaktik. Augsburg: Ziel Verlag, 2007.

ARNOLD, Rolf: Independent Study reloaded – Angeleitetes Selbstlernen als Widerspruch, der einen professionellen Anspruch markiert? In: VLW Bundesverband (Hrsg.) Dr. John: Wirtschaft und Erziehung, Ausgabe 3, Osterode a. H., 2012.

ASCHERSLEBEN, Karl: Welche Bildung brauchen Schüler? Vom Umgang mit dem Unterrichtsstoff. Bad Heilbrunn: Julius Klinkhardt Verlag, 1993, Seite 137–154.

AßMANN, Jörg: Innovationslogik und regionales Wirtschaftswachstum. Theorie und Euphorie autopoietischer Innovationsdynamik. Marburg: Marburger Förderzentrum für Existenzgründer aus der Universität (Mafex 5/2003). Norderstedt: BoD, 2003.

BAUER, Hans G./BRATER, Michael/BÜCHELE, Ute/DUFTER-WEIS, Angelika/MAURUS Anna/MUNZ, Claudia: Lern(prozess)begleitung in der Ausbildung. Wie man Lernende begleiten und Lernprozesse gestalten kann. Ein Handbuch. Bielefeld: W. Bertelsmann Verlag, 2009.

BAUER, Hans G./BRATER, Michael/BÜCHELE, Ute/DUFTER-WEIS, Angelika/MAURUS Anna/MUNZ, Claudia: Lernen im Alltag. Wie sich informelle Lernprozesse organisieren lassen. Bielefeld: W. Bertelsmann Verlag, 2007.

BAUER, Hans/BÖHLE, Fritz/MUNZ, Claudia/PFEIFFER, Sabine/WOICKE, Peter: Hightech-Gespür. Erfahrungsgeleitetes Arbeiten und Lernen in hoch technisierten Arbeitsbereichen. Bielefeld: W. Bertelsmann Verlag, 2006.

BECK, Klaus/MÜLLER, Wolfgang/DEIßINGER, Thomas/ZIMMERMANN, Matthias (Hrsg.): Berufserziehung im Umbruch. Didaktische Herausforderungen und Ansätze zu ihrer Bewältigung. Weinheim: Deutscher Studienverlag, 1996.

BECKER; Matthias/SPÖTTL, Georg: Berufswissenschaftliche Forschung. Ein Arbeitsbuch für Studium und Praxis. Frankfurt am Main: Peter Lang Verlag, 2008.

BECKER; Matthias: Wie lässt sich das in Domänen verborgene „Facharbeiterwissen" erschließen? Frankfurt am Main: Verlag Peter Lang, 2010, S. 54–65.

In: BECKER; Matthias/FISCHER, Martin/SPÖTTL, Georg (Hrsg.): Von der Arbeitsanalyse zur Diagnose beruflicher Kompetenzen. Methoden und methodische Beiträge aus der Berufsbildungsforschung. Frankfurt am Main: Peter Lang Verlag, 2010.

BECKER; Matthias/FISCHER, Martin/SPÖTTL, Georg (Hrsg.): Von der Arbeitsanalyse zur Diagnose beruflicher Kompetenzen. Methoden und methodische Beiträge aus der Berufsbildungsforschung. Reihe: Berufliche Bildung in Forschung, Schule und Arbeitswelt, Band 5. Frankfurt: Peter Lang Verlag, 2010.

BITKOM – Bundesverband Informationswirtschaft Telekommunikation und neue Medien e.V.: Hightech-Standort Deutschland. Internationale Wettbewerbsvorteile im IT- und Kommunikationssektor. Berlin: BITKOM Publikation, 2009.

BLINGS, Jessica: Informelles Lernen im Berufsalltag – Bedeutung, Potenziale und Grenzen in der Kreislauf- und Abfallwirtschaft. Bielefeld: W. Bertelsmann Verlag, 2008.

BMWI/bmb+f (Hrsg.): Die neuen IT-Berufe. Zukunftssicherung durch neue Ausbildungsberufe in der Informations- und Telekommunikationstechnik. Bonn, 1999.

BOEGLIN, Martha: Wissenschaftlich Arbeiten Schritt für Schritt. Stuttgart: UTB, 2007.

BOHLINGER, Sandra/MÜNCHHAUSEN, Gesa (Hrsg.): Validierung von Lernergebnissen – Recognition and Validation of Prior Learning. Bielefeld: W. Bertelsmann Verlag, 2011.

BORCH, Hans u.a.: best practice. Gestaltung der betrieblichen Ausbildung in den neuen IT-Berufen. Umsetzungsbeispiele aus Klein-, Mittel- und Großbetrieben. Bielefeld: W. Bertelsmann Verlag, 1999.

BORCH, Hans/WEIßMANN, Hans/WORDELMANN, Peter (Hrsg.): Das IT-Weiterbildungssystem und seine internationale Dimension. Bielefeld: Bertelsmann Verlag, 2006.

BORDELEBEN, Richard von (Hrsg.): Zeitschrift für Berufs- und Wirtschaftspädagogik/Beihefte, Heft 12: Kosten und Nutzen beruflicher Bildung. Stuttgart: Steiner Verlag, 1996.

BÖHLE, Fritz/MILKAU, Brigitte: Vom Handrad zum Bildschirm. Eine Untersuchung zur sinnlichen Erfahrung im Arbeitsprozess. Frankfurt am Main: Campus Verlag, 1988.

BÖHLE, Fritz: Wissenschaft und Erfahrungswissen. Erscheinungsformen, Voraussetzungen und Folgen einer Pluralisierung des Wissens. In: BÖSCHEN,

Stefan/SCHULTZ-SCHAEFFER, Ingo: Wissenschaft in der Wissensgesellschaft. Wiesbaden: Westdeutscher Verlag, 2003, S. 143–177.

BÖHLE, Fritz/GLASER, Jürgen (Hrsg.): Arbeit in der Interaktion – Interaktion als Arbeit. Arbeitsorganisation und Interaktionsarbeit in de Dienstleistung. Wiesbaden: VS-Verlag für Sozialwissenschaften, 2006.

BÖHLE, Fritz: Erfahrungswissen hilft bei der Bewältigung des Unplanbaren. In: BWP (Berufsbildung in Wissenschaft und Praxis), Heft 5/2005, 34. Jahrgang, S. 9–13.

BÖHLE, Fritz/ELBE, Martin/PETERS, Sibylle: Lebensprinzip Weiterlernen: Positionspapier zur zukünftigen inhaltlichen Ausrichtung der ABWF (Arbeitsgemeinschaft Betriebliche Weiterbildungsforschung e.V.). Berlin: überarbeitete Fassung vom November 2013.

BÖHM, Stefan: Individuelle Weiterbildungsstrategien. Bielefeld: W. Bertelsmann Verlag, 2009.

BRINKMANN, Dieter: Moderne Lernformen und Lerntechniken in der Erwachsenenbildung. Formen selbstgesteuerten Lernens. Bielefeld: IFKA, 2000.

BRÖDEL; Rainer: Weiterbildung und lebenslanges Lernen. In: MEYER, Rita/DEHN-BOSTEL, Peter/HARDER, Dierk/SCHRÖDER, Thomas (Hrsg.): Kompetenzen entwickeln und moderne Weiterbildungsstrukturen gestalten. Schwerpunkt IT-Weiterbildung. Münster: Waxmann Verlag, 2004 (a), Seite 13–28.

BRÖDEL, Rainer/KREIMEYER, Julia (Hrsg.): Lebensbegleitendes Lernen als Kompetenzentwicklung: Analysen – Konzeptionen – Handlungsfelder. Bielefeld: W. Bertelsmann Verlag, 2004 (b).

Bundesministerium für Bildung und Forschung (BMBF): IT-Weiterbildung mit System. Neue Perspektiven für Fachkräfte und Unternehmen. Dokumentation. Bonn: BMBF Publik, 2002.

CENDON, Eva/GRASSL, Roswitha/PELLERT, Ada (Hrsg.): Vom Lehren zum Lebenslangen Lernen. Formate akademischer Weiterbildung. Münster: Waxmann Verlag, 2013.

CDI Deutsche Private Akademie für Wirtschaft GmbH (Hrsg.): IT-Lexikon. Die wichtigsten Begriffe der Informationstechnologie. 1. Auflage, München, 2001.

CHRISTMANN, Ralf: Einfluss aktueller Entwicklungen im Bereich mobiler Lerntechnologien auf betriebliche Weiterbildungsprozesse und Personalentwicklung. Masterarbeit im Fernstudiengang Personalentwicklung des

Distance and Independent Studies Center, Technische Universität Kaiserslautern, 2013.

CROSS, Jay: Informell Learning. Rediscovering the Natural Pathways that Inspire Innovation and Performance. San Francisco: Pfeiffer Verlag, 2007.

DEHNBOSTEL, Peter: Perspektiven für das Lernen in der Arbeit. In: ANGRESS, Alexandra u.a.: Kompetenzentwicklung 2001. Tätigsein-Lernen-Innovation. Herausgegeben von der Arbeitsgemeinschaft Betriebliche Weiterbildung. Münster: Waxmann Verlag, 2001a, Seite 53–93.

DEHNBOSTEL, Peter: Lernorte, Lernprozesse und Lernkonzepte in lernenden Unternehmen aus berufspädagogischer Sicht. In: DEHNBOSTEL, Peter: u.a. (Hrsg.): Berufliche Bildung im lernenden Unternehmen, 2. aktualisierte Auflage. Berlin: 2001b, Seite 175–194.

DEHNBOSTEL, Peter/HARDER, Dierk: Vom Bildungsträger zur Lernagentur – beispielhaft dargestellt für Dienstleistungen in der IT-Branche. In: MEYER, Rita/DEHNBOSTEL, Peter/HARDER, Dierk/SCHRÖDER, Thomas (Hrsg.): Kompetenzen entwickeln und moderne Weiterbildungsstrukturen gestalten. Schwerpunkt IT-Weiterbildung. Münster: Waxmann Verlag, 2004.

DEHNBOSTEL, Peter/MOLZBERGER, Gabriele/OVERWIEN, Bernd: Informelles Lernen in modernen Arbeitsstrukturen. Dargestellt am Beispiel von Klein- und Mittelbetrieben der IT-Branche. Berlin: Schriftenreihe der Senatsverwaltung für Wirtschaft, Arbeit und Frauen, Heft 56, 2003.

DEHNBOSTEL, Peter: Lernen im Prozess der Arbeit. In: HANFT, A. (Hrsg.): Studienreihe Bildungs- und Wissensmanagement. Band 7. Münster: Waxmann Verlag, 2007, Seite 15f.

DEITERING, Franz: Selbstgesteuertes Lernen. Göttingen: Verlag für Angewandte Psychologie, 1995.

DEPPERMANN, Arnulf: Gespräche analysieren. Qualitative Sozialforschung, Band 3. Opladen: Verlag für Sozialwissenschaften, 2001.

DIESBERGEN, Clemens: Radikal-konstruktivistische Pädagogik als problematische Konstruktion: eine Studie zum radikalen Konstruktivismus und seiner Anwendung in der Pädagogik. 2. unveränderte Auflage. Bern, Berlin, Frankfurt, Wien: Lang Verlag, 2000.

DIESBERGEN, Clemens: Radikal-konstruktivistischen Pädagogik als problematische Konstruktion. Eine Studie zum radikalen Konstruktivismus und seiner Anwendung in der Pädagogik. Frankfurt am Main: Verlag Lang, 1998.

DIETZEN, Agnes: Demarkationslinien der Kompetenzforschung? Konzepte und Kontroverse kognitivistischer und erfahrungsgeleiteter Ansätze. In: BOHLINGER, Sandra/MÜNCHHAUSEN, Gesa (Hrsg.): Validierung von Lernergebnissen – Recognition and Validation of Prior Learning. Bielefeld: W. Bertelsmann Verlag, 2011, S. 293–318.

DOHMEN, Günther: Das Jahr des lebenslangen Lernens – was hat es gebracht? In: Report. Literatur und Forschungsreport Weiterbildung – Nr. 39, Frankfurt, 1997, S. 10–26.

DOHMEN, Günther: Das lebenslange Lernen. Leitlinien einer modernen Bildungspolitik. Bonn: Bundesministerium für Bildung, Wissenschaft, Forschung und Technolgie, 1996.

DOHMEN, Günther: Lebenslang Lernen und wo bleibt die „Bildung". In: Report, Nr. 49, 2002, S. 8–14.

DOHMEN, Günther (Hrsg.): Selbstgesteuertes Lebenslanges Lernen? Ergebnisse der Fachtagung des Bundesministeriums für Bildung, Wissenschaft, Forschung und Technologie vom 6.–7. 1996 in Bonn. Bonn, 1996.

DUBS, Rolf: Komplexe Lehr-Lern-Arrangements im Wirtschaftsunterricht.- Grundlagen, Gestaltungsprinzipien und Verwendung im Unterricht. In: BECK, Klaus/MÜLLER, Wolfgang/DEIßINGER, Thomas/ZIMMERMANN, Matthias: Berufserziehung im Umbruch. Didaktische Herausforderungen und Ansätze zu ihrer Bewältigung. Weinheim: Deutscher Studienverlag, 1996, S. 159–172.

DUBS, Rolf: Selbstorganisiertes Lernen: Entsteht ein neues Dogma? In: Zeitschrift für Berufs- und Wirtschaftspädagogik, Bd. 92, 1996, S. 1–5.

DUBS, Rolf: Selbstständiges (eigenständiges oder selbstgeleitetes) Lernen: Liegt darin die Zukunft? In: Zeitschrift für Berufs- und Wirtschaftspädagogik, Heft 89, 1993, S. 113–117.

DUBS, Rolf: Stehen wir vor einem Paradigmenwechsel beim Lehren und Lernen? In: Zeitschrift für Berufs- und Wirtschaftspädagogik, Heft 89, 1993, S. 449–454.

DUBS, Rolf: Die Suche nach einer neuen Lernkultur. In: Zeitschrift für Berufs- und Wirtschaftspädagogik, Heft 91, 1995a, S. 567–572.

DUBS, Rolf: Selbstorganisiertes Lernen. Entsteht ein neues Dogma? In: Zeitschrift für Berufs- und Wirtschaftspädagogik, Heft 92, 1996, S. 1–5.

DUBS, Rolf: Komplexe Lehr-Lern-Arrangements im Wirtschaftsunterricht. – Grundlagen, Gestaltungsprinzipien und Verwendung im Unterricht. In:

BECK, Klaus/MÜLLER, Wolfgang/DEIßINGER, Thomas/ZIMMERMANN, Matthias (Hrsg.): Berufserziehung im Umbruch. 1996, S. 159-172.

DUBS, Rolf: Konstruktivismus. Einige Überlegungen aus der Sicht der Unterrichtsgestaltung. In: DUBS, R./DÖRIG, R. (Hrsg.): Dialog Wissenschaft und Praxis. St. Gallen, Institut für Wirtschaftspädagogik, 1995b, S. 446-469.

DUBS, Rolf: Konstruktivismus. Einige Überlegungen aus der Sicht der Unterrichtsgestaltung. Zeitschrift für Pädagogik 41 1995c, Nr. 6, S. 889-903.

ECKSTEIN, Friedrich: Alterungskurve. In: Vorlesungsinhalt „Werkzeug- und Vorrichtungsbau im Maschinenbau", TU Darmstadt, Wintersemester 1996.

ECO, Umberto: Wie man eine wissenschaftliche Abschlussarbeit schreibt: Doktor-, Diplom- und Magisterarbeit in den Geistes- und Sozialwissenschaften. 12. aktualisierte Auflage. Stuttgart: UTB, 2007.

EHRKE, Michael: Zukunft der beruflichen Weiterbildung – das Beispiel IT. In: MEYER, Rita/DEHNBOSTEL, Peter/HARDER, Dierk/SCHRÖDER, Thomas (Hrsg.): Kompetenzen entwickeln und moderne Weiterbildungsstrukturen gestalten. Schwerpunkt IT-Weiterbildung. Münster: Waxmann Verlag, 2004, Seite 113-122.

ELIAS, Norbert: Die Gesellschaft der Individuen. Frankfurt am Main: Suhrkamp Verlag, 1996.

EULER, Dieter/LANG, Martin/PÄTZOLD, Günter (Hrsg.): Selbstgesteuertes Lernen in der beruflichen Bildung. Stuttgart: Franz Steiner Verlag, 2006.

EUROPÄISCHE KOMMISSION: Generaldirektionen Bildung und Kultur – Beschäftigung und Soziales: Mitteilung der Kommission: Einen europäischen Raum des Lebenslangen Lernens schaffen. November 2001.

EUROPÄISCHE KOMMISSION/CEDEFOP: Strategien für das lebenslange Lernen in Europa. Bericht zur Umsetzung der Ratsentschließung von Juli 2002 zum lebensbegleitenden Lernen. Dezember 2003.

FERSTL, Otto K.: Lebenslanges Lernen und virtuelle Lehre: Globale und lokale Verbesserungspotenziale. In: KERRES, Michael/KEIL-SLAWIK, Reinhard (Hrsg.): Hochschulen im digitalen Zeitalter: Innovationspotenziale und Strukturwandel. Münster: Waxmann Verlag, 2005, S. 247-264.

FISCHER, Martin: Von der Arbeitserfahrung zum Arbeitsprozesswissen. Rechnergestützte Facharbeit im Kontext beruflichen Lernens. Opladen: Leske + Budrich, 2000.

FISCHER, Martin: Arbeitsprozesswissen. In: RAUNER, Felix: Handbuch Berufsbildungsforschung. Bielefeld: W. Bertelsmann Verlag, 2005, S. 307-315.

FISCHER, Martin: Arbeitsprozesswissen als zentraler Gegenstand einer domänenspezifischen Qualifikations- und Curriculumforschung. In: PÄTZOLD, G./RAUNER, F. (Hrsg.): Qualifikationsforschung und Curriculumentwicklung. Beiheft 19 der ZBW – Zeitschrift für Berufs- und Wirtschaftspädagogik. Stuttgart: Franz Steiner Verlag, 2006, S. 75–94.

FISCHER, Martin: Über das Verhältnis von Wissen und Handeln in der beruflichen Arbeit und Ausbildung. A+B Forschungsberichte 3/2009. Bremen, Heidelberg, Karlsruhe: A+B Forschungsnetzwerk, 2009.

FISCHER, Martin/RAUNER, Felix (Hrsg.): Lernfeld Arbeitsprozess. Ein Studienbuch zur Kompetenzentwicklung von Fachkräften in gewerblich-technischen Aufgabenbereichen. Baden-Baden: Nomos Verlag, 2002.

FISCHER, Martin/RÖBEN Peter: Arbeitsprozesswissen im Fokus von individuellem und organisationalem Lernen. Zeitschrift für Pädagogik, Heft 2, Weinheim: Beltz Verlag, 2004.

FISCHER, Martin/SPÖTTL, Georg (Hrsg.): Forschungsperspektiven in Facharbeit und Berufsbildung. Strategien und Methoden der Berufsbildungsforschung. Frankfurt: Peter Lang Verlag, 2008.

FISCHER, Martin/WITZEL, Andreas: Zum Zusammenhang von berufsbiografischer Gestaltung und beruflichem Arbeitsprozesswissen. Eine Analyse auf Basis archivierter Daten einer Längsschnittstudie. Frankfurt: Peter Lang Verlag, 2008, S. 24–47. In: FISCHER, Martin/SPÖTTL, Georg (Hrsg.): Forschungsperspektiven in Facharbeit und Berufsbildung. Strategien und Methoden der Berufsbildungsforschung. Reihe: Berufliche Bildung in Forschung, Schule und Arbeitswelt, Band 3. Frankfurt: Peter Lang Verlag, 2008.

FLICK, Uwe: Stationen des qualitativen Forschungsprozesses. IN: FLICK; Uwe et al. (Hrsg.): Handbuch Qualitative Sozialforschung. München: Psychologie Verlagsunion, 1991, S. 148–173.

FLICK, Uwe: Qualitative Evaluationsforschung. Konzepte – Methoden – Umsetzungen. Reinbek bei Hamburg: Rowohlt Verlag, 2006.

FOSTER, Richard N.: Innovation. Die technologische Offensive. Heidelberg: Redline Wirtschaft/Süddeutscher Verlag, Sonderausgabe 2006.

FRACKMANN, Margit: Motivation in der Ausbildung zu lebenslangem Lernen. (Seminarkonzepte zur Ausbilderförderung) Bielefeld: W. Bertelsmann Verlag, 1994.

FRACKMANN, Margit/TÄRRE, Michael: Lernen und Problemlösen in der beruflichen Bildung. Bielefeld: W. Bertelsmann Verlag, 2009.

FRANCK, Norbert/STARY, Joachim: Die Technik wissenschaftlichen Arbeitens. Eine praktische Anleitung. 14. aktualisierte Auflage. Paderborn: F. Schöningh Verlag, 2008.

FRICKE, Werner: Jahrbuch Arbeit und Technik. Bonn: Dietz Verlag, 2002.

FUNKE, Joachim/SPERING, Miriam: Methoden der Denk- und Problemlöseforschung. In: FUNKE, Joachim (Hrsg.): Denken und Problemlösen. Göttingen: Verlag Hofgrefe, 2006, S. 647–744.

GADAMER, Hans-Georg: Hermeneutik (Artikel). In: RITTER, Joachim (Hrsg.): Historisches Wörterbuch der Philosophie. Basel, Stuttgart: Schwabe Verlag, 1974, S. 1061–1073.

GADAMER, Hans-Georg: Wahrheit und Methode. Grundlage einer philosophischen Hermeneutik. Band 1, 6. Auflage. Tübingen: Verlag J.C.B. Mohr (Paul Siebeck), 1990.

GERDS, Peter/DEITMER, Ludger/FISCHER, Martin (Hrsg.): Was leistet die Berufsbildungsforschung für die Entwicklung neuer Lernkonzepte? Bielefeld: W. Bertelsmann Verlag, 2002.

GERSTENMEIR, Jochen/MANDL, Heinz: Wissenserwerb unter konstruktivistischer Perspektive. In: Zeitschrift für Pädagogik, Heft 41, 1995, S. 867–888.

GERSTENMEIR, Jochen: Domänenspezifisches Wissen als Dimension beruflicher Entwicklung. In: RAUNER, Felix: Qualifikationsforschung und Curriculum. Analysieren und Gestalten beruflicher Arbeit und Bildung. Bielefeld: W. Bertelsmann Verlag, 2004, S. 151–163.

GEW Hauptverband/OB Berufliche Bildung und Weiterbildung: Deutschland braucht eine Weiterbildungsoffensive. Resolution der 52. Mitgliederversammlung des DVV. Frankfurt am Main, 2005.

GIESEKE, Wiltrud: Lebenslanges Lernen und Emotionen. Wirkungen von Emotionen auf Bildungsprozesse aus beziehungstheoretischer Perspektive. Bielefeld: W. Bertelsmann Verlag, 2009.

GLASERSFELD, Ernst von: Aspekte des Konstruktivismus: Vico, Berkeley, Piaget. In: RUSCH, Gebhard/SCHMIDT Siegfried (Hrsg.): Konstruktivismus: Geschichte und Anwendung. Berlin: Suhrkamp Verlag, 1992.

GLASERSFELD, Ernst von: Radikaler Konstruktivismus – Ideen, Ergebnisse, Probleme. Berlin: Suhrkamp Verlag, 1996.

GLASERSFELD, Ernst von: Wege des Wissens. Heidelberg: Verlag Carl-Auer-Systeme, 1997.

GLASERFELD, Ernst von: Konstruktivismus und Unterricht. In: Zeitschrift für Erziehungswissenschaft, H. 4, 1999, S. 499–506.

GLÄSER, Jochen/LAUDEL, Grit: Experteninterviews und qualitative Inhaltsanalyse als Instrumente rekonstruierender Untersuchungen. Wiesbaden: Verlag für Sozialwissenschaften, 2004.

GÖBEL, Elisabeth: Theorie und Gestaltung der Selbstorganisation. Berlin: Duncker und Humblot, 1998.

GRASSL, Roswitha: Die eigene Praxis erforschen. In: didacta – Das Magazin für lebenslanges Lernen. Heft 2/2014. München: AVR Verlag, 2014, S. 74–78.

GRASSL, Roswitha/MÖRTH, Anita: LLL als profilbildendes Merkmal der Deutschen Universität für Weiterbildung. In: CENDON, Eva/GRASSL, Roswitha/PELLERT, Ada (Hrsg.): Vom Lehren zum Lebenslangen Lernen. Formate akademischer Weiterbildung. Münster: Waxmann Verlag, 2013, S. 15–26.

GREIF, Siegfried/FINGER, Anke/JERUSEL, Stephan: Praxis des selbstorganisierten Lernens. Einführung und Leittexte. Köln: Bund-Verlag, 1993.

GREIF, Siegfried/KURTZ, Hans-Jürgen (Hrsg.): Handbuch Selbstorganisiertes Lernen. 2. unveränderte Auflage. Göttingen: Verlag für Angewandte Psychologie, 1998.

GROTLÜSCHEN, Anke/BEIER, Peter: Zukunft Lebenslangen Lernens. Strategisches Bildungsmonitoring am Beispiel Bremens. Bielefeld: W. Bertelsmann Verlag, 2008.

GRÜNER, Gustav: Die didaktische Reduktion als Kernstück der Didaktik. In: Die Deutsche Schule. Stuttgart: Klett Verlag, 1967, S. 414–430.

GRUPP, Hariolf: Was wir über Innovationen wissen – Konturen einer Wissenschaft. In: WARNECKE, Hans-Jürgen/BULLINGER, Hans-Jörg (Hrsg.): Kunststück Innovation. Praxisbeispiele aus der Fraunhofer-Gesellschaft. Berlin, Heidelberg: Springer Verlag, 2003, S. 13–22.

HACKER; Winfried: Wandel der Arbeit in einer informatisierten Arbeitswelt – Chancen, Probleme, Risiken. In: PANGALOS, Joseph/SPÖTTL, Georg/KNUTZEN, Sönke/HOWE, Falk (Hrsg.): Informatisierung von Arbeit, Technik und Bildung. Eine berufswissenschaftliche Bestandsaufnahme. Münster: Lit Verlag, 2005, S. 15–26.

HACKER, Winfried: Expertenkönnen. Erkennen und Vermitteln. Stuttgart: Verlag für Angewandte Psychologie, 1992.

HARASIM, Linda: Learning Theory and Online Technology: How New Technologies are Transforming Learning Opportunities. New York: Routledge Press, 2011.

HAUSCHILDT, Jürgen/SALOMO, Sören: Innovationsmanagement. München: Verlag Vahlen, 4. Auflage, 2007.

HERRMANN, Ulrich (Hrsg.): Neurodidaktik. Grundlagen und Vorschläge für gehirngerechtes Lehren und Lernen. Weinheim, Basel: Beltz Verlag, 2006.

HERING, Dietrich: Zur Fasslichkeit naturwissenschaftlicher und technischer Aussagen. Berlin: Verlag Volk und Wissen, 1959.

HERING, Dietrich/LICHTENECKER, Franz: Lösungsvarianten zum Lehrstoff-Zeit-Problem und ihre Ordnung. In: Wissenschaftliche Zeitschrift der Universität Dresden, Jahrgang 15, Heft 5, 1966, S. 1189–1216.

HOIDN, Sabine: Lernkompetenzen an Hochschulen fördern. Wiesbaden: VS Verlag für Sozialwissenschaften, 2010.

HOLM-HADULLA, Rainer M.: Kreativität. Konzept und Lebensstil. Göttingen: Verlag Vandenhoek & Rupprecht, 2007.

HOLM-HADULLA, Rainer M.: Kreativität zwischen Schöpfung und Zerstörung. Konzepte aus Kulturwissenschaften, Psychologie, Neurobiologie und ihre praktische Anwendungen. Göttingen: Verlag Vandenhoek & Rupprecht, 2011.

HÜTHER, Gerald/NEIDER, Andreas: Lernen: aus neurobiologischer, pädagogischer, entwicklungspsychologischer und geisteswissenschaftlicher Sicht. Stuttgart: Verlag Freies Geistesleben, 2006.

HRADILAK, Kay P.: Führen von IT-Service-Unternehmen. Zukunft erfolgreich gestalten. Wiesbaden: Vieweg + Teubner Verlag, 2. Auflage, 2011.

ILI, Serhan (Hrsg.): Grundlagen und Theorien zum Innovationsbegriff. In: Open Innovation umsetzen. Prozesse, Methoden, Systeme, Kultur. Düsseldorf: symposion publishing GmbH, 1. Auflage 2010, S. 21–42.

JANK, Werner/MEYER, Hilpert: Didaktische Modelle. Berlin: Cornelsen Verlag, 1991.

KAHLKE, Jochen/KATH, Fritz: Didaktische Reduktion und methodische Transformation. Alsbach: Leuchtturm-Verlag, 1984.

KAHLKE, Jochen/KATH, Fritz: Das Umsetzen von Aussagen und Inhalten. Didaktische Reduktion und methodische Transformation – Eine Bestandsaufnahme. 2. korrigierte Auflage. Alsbach: Leuchtturm-Verlag, 1985.

KEMPKES, Hans-Georg: Didaktik und Methodik. In: ARNOLD, Rolf (Hrsg.): Berufs- und Erwachsenenpädagogik. Baltmannsweiler: Schneider-Verlag Hohengehren, 2003, S. 150–176.

KERRES, Michael/KEIL-SLAWIK, Reinhard (Hrsg.): Hochschulen im digitalen Zeitalter: Innovationspotenziale und Strukturwandel. Münster: Waxmann Verlag, 2005.

KERRES, Michael/STRATMANN, Jörg: Bildungstechnologische Wellen und nachhaltige Innovation: Zur Entwicklung von E-Learning an Hochschulen in Deutschland. In: KERRES, Michael/KEIL-SLAWIK, Reinhard (Hrsg.): Hochschulen im digitalen Zeitalter: Innovationspotenziale und Strukturwandel. Münster: Waxmann Verlag, 2005, S. 29–48.

KIRCHHÖFER, Dieter: Informelles Lernen – Legitimation für eine De-Institutionalisierung? In: HOFFMANN, Dietrich/NEUMANN, Karl (Hrsg.): Ökonomisierung der Wissenschaft. Weinheim: Beltz Verlag, 2003, S. 213–232.

KLIPPERT, Heinz: Methoden-Training. Weinheim, Basel: Beltz Verlag, 1994.

KORNMEIER, Martin: Wissenschaftlich schreiben leicht gemacht. Für Bachelor, Master und Dissertation. 4. aktualisierte Auflage. Bern: Haupt Verlag, 2011.

KOPPENSTEINER, Christa: Easy Learning – Lerntechniken – so lerne ich erfolgreich. In: Reihe „future training", Band 2, Verlag GS – Multimedia, 2005.

KRACKE, Peter/BEILSCHMIDT, Linus: IT-Basiswissen. Troisdorf: Bildungsverlag Eins, 2006.

KUCKARTZ, Udo: Einführung in die computergestützte Analyse qualitativer Daten. Wiesbaden: VS Verlag für Sozialwissenschaften, 2010.

KULTUSMINISTERIUM BERUFLICHE BILDUNG: Rahmenlehrplan für den Ausbildungsberuf Informatikkaufmann/Informatikkauffrau (Beschluss der Kultusministerkonferenz vom 25. April 1997). Bonn 1997.

KULTUSMINISTERIUM BERUFLICHE BILDUNG: Rahmenlehrplan für den Ausbildungsberuf IT-System-Kaufmann/IT-System-Kauffrau (Beschluss der Kultusministerkonferenz vom 25. April 1997). Bonn 1997.

KULTUSMINISTERIUM BERUFLICHE BILDUNG: Rahmenlehrplan für den Ausbildungsberuf IT-System-Elektroniker/IT-System-Elektronikerin (Beschluss der Kultusministerkonferenz vom 25. April 1997). Bonn 1997.

KULTUSMINISTERIUM BERUFLICHE BILDUNG: Rahmenlehrplan für den Ausbildungsberuf Fachinformatiker/Fachinformatikerin (Beschluss der Kultusministerkonferenz vom 25. April 1997). Bonn 1997.

KUPER, Harm: Evaluation in der Erziehungswissenschaft. Stuttgart: Kohlhammer Verlag, 2005.

KUWAN, Helmut/GRAF-CUIPER, Angelika/TIPPELT, Rudolf: Weiterbildungsnachfrage in Zahlen – Ergebnisse der Repräsentativbefragung, in: BARZ, H./TIPPELT, R.: Adressaten- und Milieuforschung zu Weiterbildungsverhalten und -interessen, DIE spezial, Band 2, Bielefeld 2004, S. 19–86.

LAUR-ERNST, Ute: Berufsbildungsforschung als Innovationsprozess. In: RAUNER, F. (Hrsg.): Handbuch Berufsbildungsforschung. 2. Auflage. Bielefeld: W. Bertelsmann Verlag, 2006, S. 82–87.

LEHBERGER, Jürgen: Arbeitsprozesswissen – didaktisches Zentrum für Bildung und Qualifizierung. Ein kritisch-konstruktiver Beitrag zum Lernfeldkonzept. Berlin, Münster: Lit Verlag, 2013.

LEHNER, Martin: Didaktische Reduktion. Bern: Haupt Verlag, 2012.

LIPSMEIER, Antonius: Zum Problem der Kontinuität von beruflicher Erstausbildung und beruflicher Weiterbildung. In: Die didaktische Berufs- und Fachschule. Heft 10, Stuttgart: Steiner Verlag, 1977, S. 723–737.

LÜTHJE, Christian: Der Prozess der Innovation. Die Einheit der Gesellschaftswissenschaften. Tübingen: Verlag Mohr Siebeck, 2008.

MATTAUCH, Walter/CAUMANNS, Jörg (Hrsg.): Innovationen der IT-Weiterbildung. Bielefeld: W. Bertelsmann Verlag, 2003.

MATURANA, Umberto/VARELA, Francisco J.: Der Baum der Erkenntnis. Die biologischen Wurzeln menschlichen Erkennens. Bern, München: Scherz Verlag, 1987.

MAYRING, Philipp: Einführung in die qualitative Sozialforschung. Weinheim, Basel: Beltz Verlag, 2002.

MAYRING, Philipp: Qualitative Inhaltsanalyse. In: FLICK, U./von KARDOFF, E./STEINKE, I. (Hrsg.): Qualitative Forschung. Ein Handbuch. Reinbek bei Hamburg: Rowohlt Taschenbuch Verlag, 2003, S. 468–475.

MAYRING, Philipp: Qualitative Inhaltsanalyse. Grundlagen und Techniken. 9. Auflage. Weinheim: Deutscher Studien Verlag, 2007.

METZIG, Werner/SCHUSTER, Martin: Lernen zu Lernen: Lernstrategien wirkungsvoll einsetzen. 7. Auflage. Berlin: Springer Verlag, 2005.

MEYER, Rita/DEHNBOSTEL, Peter/HARDER, Dierk/SCHRÖDER, Thomas (Hrsg.): Kompetenzen entwickeln und moderne Weiterbildungsstrukturen gestalten. Schwerpunkt IT-Weiterbildung. Münster: Waxmann Verlag, 2004.

MICHELSEN, UWE: Didaktische Reduktion. Möglichkeiten zur Förderung des Technikverständnisses. In: Vierteljahrsschrift für wissenschaftliche Pädagogik, Heft 82, Paderborn: Schöningh Verlag, 2006, S. 61–69.

MOLZBERGER, Gabriele/SCHRÖDER, Thomas/DEHNBOSTEL, Peter/ HARDER, Dierk: Weiterbildung in den betrieblichen Arbeitsprozess integrieren. Erfahrungen und Erkenntnisse in kleinen und mittelständischen IT-Unternehmen. Münster: Waxmann Verlag, 2008.

MONTESSORI, Maria: Selbsttätige Erziehung im frühen Kindesalter. Stuttgart: Hoffmann-Verlag, 1909.

NEBER, Horst: Selbstgesteuertes Lernen. In: NEBER/WAGNER/EINSIEDLER (Hrsg.): Selbstgesteuertes Lernen. Psychologische und pädagogische Aspekte eines handlungsorientierten Lernens. Weinheim, Basel: Beltz-Verlag, 1978.

NEUWEG, Georg Hans: Wissen – Können – Reflexion. Ausgewählte Verhältnisbestimmungen. Innsbruck: Studien-Verlag, 2000.

NEUWEG, Georg Hans: Könnerschaft und implizites Wissen. Zur lehrlerntheoretischen Bedeutung der Erkenntnis- und Wissenstheorie Michael Polanyis. Münster: Waxmann Verlag, 2001.

NEUWEG, Georg Hans: Der Tacit Knowing View. Konturen eines Forschungsprogramms. In: Zeitschrift für Berufs- und Wirtschaftspädagogik, 101. Band, Heft 4. Stuttgart: Franz Steiner Verlag, 2005, S. 557–573.

NEUWEG, Georg Hans: Das Schweigen der Könner. Strukturen und Grenzen des Erfahrungswissens. Linz: Trauner Verlag, 2006.

NEUWEG, Georg Hans: The Tacit and Implicit as a Subject of VET Research. In: RAUNER, Felix/MacLEAN, Rupert (Eds.): Handbook of Technical and Vocational Education and Training Research. Dordrecht: Springer Verlag, 2008, S. 725–731.

NUISSL, Ekkehard: Einführung in die Weiterbildung. Neuwied: Verlag Luchterhand, 2000.

OVERWIEN, Bernd: Internationale Sichtweisen auf „informelles Lernen" am Übergang zum 21. Jahrhundert. In: OTTO, Hans-Uwe/COELEN, Thomas: Grundbegriffe der Ganztagsbildung. Beiträge zu einem neuen Bildungsverständnis in der Wissensgesellschaft. 1. Auflage. Wiesbaden: VS Verlag für Sozialwissenschaften, 2004, S. 51–76.

PAHL, Jörg-Peter/RAUNER, Felix/SPÖTTL, Georg (Hrsg.): Berufliches Arbeitsprozesswissen. Ein Forschungsgegenstand der Berufsfeldwissenschaften. Baden-Baden: Nomos Verlag, 2000.

PAHL, Jörg-Peter/UHE, Ernst: Berufsbildung. Zeitschrift für Praxis und Theorie in Betrieb und Schule. 53. Jahrgang. Seelze: Kallmeyer'sche Verlagsbuchhandlung, 1999.

PANGALOS, Joseph/SPÖTTL, Georg/KNUTZEN, Sönke/HOWE, Falk (Hrsg.): Informatisierung von Arbeit, Technik und Bildung. Eine berufswissenschaftliche Bestandsaufnahme. Münster: Lit Verlag, 2005.

PERLS, Frederick S.: Das Ich, der Hunger und die Aggression. Die Anfänge der Gestalttherapie. Stuttgart: Klett-Cotta, 7. Auflage, 2007.

PETERSEN, Artur Willi: Neue Ansätze der Berufs- und Curriculumsforschung am Beispiel der neuen IT-Berufe. In: GERDS, P. u.a.: Was leitet die Berufsbildungsforschung für die Entwicklung neuer Lernkonzepte? Bielefeld: W. Bertelsmann, 2002, S. 163–184.

PETERSEN, Artur Willi/WEHMEYER, Carsten: Evaluation der neuen IT-Berufe. Zusammenfassung der Evaluationsergebnisse. In: Borch, Hans/Weißmann, Hans: IT-Berufe machen Karriere. Bielefeld: Bertelsmann Verlag, 2002.

PETERSEN, Artur Willi/WEHMEYER, Carsten: Die neuen IT-Berufe auf dem Prüfstand. In: Berufsbildung in Wissenschaft und Praxis (BWP): Berufe und Qualifikationen im IT-Bereich. Zeitschrift des Bundesinstituts für Berufsbildung, 29. Jahrgang, Heft 6/2000. Bielefeld: W. Bertelsmann Verlag, 2000.

POLANYI, Michael: Implizites Wissen. Frankfurt a.M.: Suhrkamp Verlag, 1985.

RAUNER, Felix: Praktisches Wissen und berufliche Handlungskompetenz ITB-Forschungsbericht 14. Bremen, 2004.

RAUNER, Felix: Handbuch Berufsbildungsforschung. Bielefeld: W. Bertelsmann Verlag, 2005.

RAUNER, Felix: Bremer Landesinitiative „Innovative Berufsbildung 2010". Einführung einer dualen Fachschule für Technik. Bremen: IBB Bremen, 2007.

RAUNER, Felix: Kosten, Nutzen und Qualität der beruflichen Ausbildung. ITB-Forschungsberichte 23/2007. Bremen: ITB Bremen, 2007.

RAUNER, Felix/GROLLMANN, Philipp, MARTENS, Thomas: Messen beruflicher Kompetenz(entwicklung). ITB-Forschungsberichte 21/2007. Bremen: ITB Bremen, 2007.

REICH, Kersten: Systemisch-konstruktivistische Pädagogik. Einführung in Grundlagen einer interaktionistisch-konstruktivistischen Pädagogik. 3. Auflage. Neuwied, Kriftel: Luchterhand Verlag, 2000.

REICH, Kersten: Konstruktivistische Didaktik. Lehr- und Studienbuch mit Methodenpool. 4. Auflage. Weinheim/Basel: Beltz Verlag 2008.

REICHARDT, Tina: Bedürfnisorientierte Marktstrukturanalyse für technische Innovationen. Eine empirische Untersuchung am Beispiel Mobile

Commerce. Wiesbaden: GWV Fachverlage GmbH – Gabler Edition Wissenschaft, 1. Auflage, 2008.

REETZ, Lothar: Wissen und Handeln. – Zur Bedeutung konstruktivistischer Lernbedingungen in der kaufmännischen Berufsbildung. In: BECK, Klaus/MÜLLER, Wolfgang/DEIßINGER, Thomas/ZIMMERMANN, Matthias: Berufserziehung im Umbruch. Didaktische Herausforderungen und Ansätze zu ihrer Bewältigung. Weinheim: Deutscher Studienverlag, 1996, S. 173–188.

REY, Günter-Daniel: E-Learning. Theorien, Gestaltungsempfehlungen und Forschung. Bern: Verlag Hans Huber/Hogrefe, 2009.

RITTELMEYER, Christian/PARMENTIER, Michael: Einführung in die pädagogische Hermeneutik. Neuauflage. Darmstadt: Wissenschaftliche Buchgesellschaft, 2006.

ROHS, Matthias/MATTAUCH, Walter – in Zusammenarbeit mit BÜCHELE, U./BRATER, M.: Konzeptionelle Grundlagen der arbeitsprozessorientierten Weiterbildung in der IT-Branche. Projektbericht 2001. Berlin: Manuskriptdruck ISST, 2001.

ROHS, Matthias: Zur Theorie formellen und informellen Lernens in der IT-Weiterbildung. Dissertationsschrift zur Erlangung der Doktorwürde. Hamburg, 2007.

RÖBEN, Peter: Die Analyse des Arbeitsprozesswissens von Chemiefacharbeitern und die darauf basierende Entwicklung eines computergestützten Erfahrungsdokumentationssystems (EDS). In: PAHL, Jörg-Peter/RAUNER, Felix/SPÖTTL, Georg (Hrsg.): Berufliches Arbeitsprozesswissen. Ein Forschungsgegenstand der Berufsfeldwissenschaften. Baden-Baden: Nomos Verlag 1999, S. 253–265.

RÖBEN, Peter: Arbeitsprozesswissen und Expertise. In: PETERSEN, A.W./RAUNER, F./STUBER, F. (Hrsg.): IT-gestützte Facharbeit – Gestaltungsorientierte Berufsbildung. Baden-Baden: Nomos Verlag, 2001, Seiten 43–57.

ROSENDAHL, Johannes: Selbstreguliertes Lernen in der dualen Ausbildung. Lerntypen und Bedingungen. Reihe Berufsbildung, Arbeit und Innovation. Dissertationen/Habilitationen. Band 18, Bielefeld: W. Bertelsmann Verlag, 2010.

ROTH, Gerhard: Fühlen, Denken, Handeln – Die neurobiologischen Grundlagen des menschlichen Verhaltens. Frankfurt/Main: Suhrkamp Verlag, 2001.

ROTH, Gerhard: Persönlichkeit, Entscheidung und Verhalten: Warum es so schwierig ist, sich und andere zu ändern. Stuttgart: Verlag Klett-Cotta, 2007.

ROTH, Gerhard: Bildung braucht Persönlichkeit: Wie Lernen gelingt. Stuttgart: Verlag Klett-Cotta, 2011.

ROTT, Hans: Meinungsverschiedenheit und Missverständnis. In: GEISEN-HANSLÜKE, Achim/ROTT, Hans (Hrsg.): Ignoranz. Nichtwissen, Vergessen und Missverstehen in Prozessen kultureller Transformation. Bielefeld: Transcript, 2008, S. 61–96.

SCHELTEN, Andreas: Einführung in die Berufspädagogik. 4. Auflage. Stuttgart: Steiner Verlag, 2010.

SCHIERSMANN, Christiane: Profile lebenslangen Lernens. Weiterbildungserfahrungen und Lernbereitschaft der Erwerbsbevölkerung. Bielefeld: W. Bertelsmann Verlag, 2006.

SCHMIDT-HERTHA, Bernhard: Formales, non-formales und informelles Lernen. In: BOHLINGER, Sandra/MÜNCHHAUSEN, Gesa (Hrsg.): Validierung von Lernergebnissen – Recognition and Validation of Prior Learning. Bielefeld: W. Bertelsmann Verlag, 2011, S. 233–252.

SCHRÖDER, Thomas: Arbeits- und Lernaufgaben für die Weiterbildung: Eine Lernform für das Lernen im Prozess der Arbeit. Reihe Berufsbildung, Arbeit und Innovation. Bielefeld: W. Bertelsmann Verlag, 2009.

SEEL, Norbert/HANKE, Ulrike: Lernen und Behalten. TU Kaiserslautern – Distance and Independent Studies Center (DISC): Studienbrief PE0710. Kaiserslautern: TU Kaiserslautern, 2009.

SEMBILL, Detlef: Systemisches Denken, Selbstorganisiertes Lernen, Ganzheitliches Handeln. – Systemtheoretische Reflexionen und erziehungswissenschaftliche Umsetzungen. In: BECK, Klaus/MÜLLER, Wolfgang/ DEIßINGER, Thomas/ZIMMERMANN, Matthias: Berufserziehung im Umbruch. Didaktische Herausforderungen und Ansätze zu ihrer Bewältigung. Weinheim: Deutscher Studienverlag, 1996, S. 61–78.

SEMBILL, Detlef: Problemlösefähigkeit, Handlungskompetenz und Emotionale Befindlichkeit. Zielgrößen Forschenden Lernens. Göttingen: Hogrefe Verlag, 1992.

SEMBILL, Detlef: Selbstorganisiertes Lernen in der Handelslehrerausbildung. In: Unterrichtswissenschaft, Heft 20, 1992, S. 343–357.

SEMBILL, Detlef/WUTTKE, Eveline (Hrsg.): Selbstorganisation und Selbstorganisiertes Lernen. In: Vom lehrerzentrierten zum schülerorientierten Unterricht? Beiträge aus dem Arbeitskreis Qualität von Schule (HIBS), Band 8, Wiesbaden, 1996a.

SEMBILL, Detlef/SEIFRIED, Jürgen: Selbstorganisiertes Lernen als didaktische Lehr-Lern-Konzeption zur Verknüpfung von selbstgesteuertem und kooperativem Lernen. In. EULER, Dieter/LANG, Martin/PÄTZOLD, Günter (Hrsg.): Selbstgesteuertes Lernen in der beruflichen Bildung. Stuttgart: Franz Steiner Verlag, 2006, S. 93–108.

SEMBILL, Detlef/WUTTKE, Eveline (Hrsg.): Innovationsfähiges Lernen. Göttingen: Hogrefe Verlag, 1996.

SIEBERT, Horst: Pädagogischer Konstruktivismus: eine Bilanz der Konstruktivismusdiskussion für die Bildungspraxis. Neuwied, Kriftel: Luchterhand Verlag, 1999.

SIEBERT, Horst: Lernmotivation und Bildungsbeteiligung. Studientexte für die Erwachsenenbildung. Bielefeld: W. Bertelsmann Verlag, 2006.

SIEBERT, Horst: Methoden für die Bildungsarbeit. Leitfaden für ein aktivierendes Lernen. 3. aktualisierte und überarbeitete Auflage. Bielefeld: W. Bertelsmann Verlag, 2008.

SIEBERT, Horst: Lernen. In: ARNOLD, Rolf/NOLDA, Sigrid/NUISSL, Ekkehard (Hrsg.): Wörterbuch Erwachsenenbildung. 2. Auflage. Bad Heilbrunn: Klinkhardt Verlag, 2010, S. 190–192.

SIEBERT, Horst: Theorien für die Praxis. Studientexte für Erwachsenenbildung. Bielefeld: W. Bertelsmann Verlag, 2011.

SONNTAG, Karlheinz u.a.: Tätigkeitsanalyse als Beitrag zur Qualifikationsforschung und Trainingsgestaltung. In: SONNTAG, Karlheinz (Hrsg.): Arbeitsanalyse und Technikentwicklung. Köln: Bachem Verlag, 1987, S. 89–108.

SONNTAG, Karl-Heinz/SCHAPER, Niclas/FRIEBE, Judith: Erfassung und Bewertung von Merkmalen unternehmensbezogener Lernkulturen. In: Kompetenzmessung im Unternehmen. Lernkultur- und Kompetenzanalysen im betrieblichen Umfeld. Münster: Waxmann Verlag, 2005.

SONNTAG, Karlheinz/STEGMAIER, Ralf: Arbeitsorientiertes Lernen. Zur Psychologie der Integration von Lernen und Arbeit. Stuttgart: Kohlhammer Verlag, 2007.

SPITZER, Manfred: Lernen. Gehirnforschung und die Schule des Lebens. Berlin, Heidelberg: Springer-Verlag, 2007.

SPÖTTL, Georg/BREMER, Rainer/GROLLMANN, Philipp/MUSEKAMP, Frank: Gestaltungsoptionen für die duale Organisation der Berufsbildung. Gutachtenerstellung durch das ITB Bremen, Universität Bremen. Bremen: ITB Bremen, 2008.

SPÖTTL, Georg/KAUNE, Peter/RÜTZEL, Josef (Hrsg.): Berufliche Bildung – Innovation – Soziale Integration. Bielefeld: W. Bertelsmann Verlag, 2007.

SPÖTTL, Georg/MUSEKAMP, Frank: Berufsstrukturen und Messen beruflicher Kompetenz. In: Berufsbildung. Heft 63, 2009, S. 20–23.

SPÖTTL, Georg/WINDELBAND, Lars: Arbeitsprozessbezogene berufliche Standards zur Qualitätsentwicklung in der beruflichen Bildung. In: lernen & lehren, Heft 94, 2009, S. 85–87.

SPÖTTL, Georg: Durchlässigkeit zwischen beruflicher Bildung und Hochschulbildung – Chancen und Hemmnisse. In: BOHLINGER, Sandra/MÜNCHHAUSEN, Gesa (Hrsg.): Validierung von Lernergebnissen – Recognition and Validation of Prior Learning. Bielefeld: W. Bertelsmann Verlag, 2011, S. 189–208.

SPÖTTL, Georg: Erfahrungsbasierte Berufsbildung: Die Stärke des deutschen Berufsbildungssystems? In: HEIDEMANN, Winfried/KUHNHENNE, Markus (Hrsg.): Zukunft der Berufsbildung. Düsseldorf: Hans-Böckler-Stiftung, 2009, S. 47–66.

SPÖTTL, Georg: Der Arbeitsprozess als Untersuchungsgegenstand berufsfeldwissenschaftlicher Qualifikationsforschung. In: PAHL, J.P. u.a.: Berufliches Arbeitsprozesswissen. Baden-Baden: Nomos Verlag, 2000, S. 205–222.

STARY, Joachim: Das didaktische Kernproblem – Verfahren und Kriterien der didaktischen Reduktion. In: BEHRENDT, Brigitte/VOSS, Hans-Peter/WILDT, Johannes (Hrsg.): Neues Handbuch Hochschullehre – Lehren und Lernen effizient gestalten. Berlin: Griffmarke A 1.2., 2008.

STRAKA, Gerald A: Lernen, lehren und bewerten. Stuttgart: Kohlhammer Verlag, 1983.

STRAKA, Gerald A: Lernen in der Arbeit – ohne Lehren? In: DEHNBOSTEL/DYBOWSKI (Hrsg.): Lernen. Wissensmanagement und berufliche Bildung. Bielefeld: W. Bertelsmann Verlag, 2000, S. 110–123.

STRAKA, Gerald A: Mit selbstgesteuerten Lernen durch das 21. Jahrhundert? In: CZYCHOLL (Hrsg.): Berufsbildung, Berufsbildungspolitik und Berufsbildungsforschung auf dem Wege in das dritte Jahrtausend. Oldenburg: BIS Verlag, 2000, S. 163–190.

STRAKA, Gerald A: Informal learning: genealogy, concepts, antagonisms and questions. ITB-Forschungsberichte 15/2004. Bremen, 2004.

STRAKA, Gerald A./MACKE, Gerd: Lern-Lehr-Theoretische Didaktik. 4. Aufl. Münster: Waxmann Verlag, 2006.

STRAKA, Gerald A: Zertifizierung informell erworbener Kompetenzen – neu für die bundesdeutsche Berufsbildung? In: ECKERT/ZÖLLER (Hrsg.): Der europäische Berufsbildungsraum. Beiträge der Berufsbildungsforschung. Bielefeld: W. Bertelsmann Verlag, 2006, S. 205–216.

STENDER, Jörg: Betriebliches Weiterbildungsmanagement: Ein Lehrbuch. Stuttgart: Salomon Hirzel Verlag, 2009.

TERHART, Ewald: Konstruktivismus und Unterricht. Gibt es einen neuen Ansatz in der Allgemeinen Didaktik? Zeitschrift für Pädagogik 45, Heft Nr. 5, 1999, S. 629–647.

WARNECKE, Hans-Jürgen: Innovation in Technik und Gesellschaft – Notwendigkeiten und Hemmnisse. In: WARNECKE, Hans-Jürgen/BULLINGER, Hans-Jörg (Hrsg.): Kunststück Innovation. Praxisbeispiele aus der Fraunhofer-Gesellschaft. Berlin, Heidelberg: Springer Verlag, 2003, S. 1–10.

WATZLAWICK, Paul (Hrsg.): Einführung in den Konstruktivismus. München: Piper Verlag, 1992.

WATZLAWICK, Paul (Hrsg.): Die erfundene Wirklichkeit. Wie wissen wir, was wir zu wissen glauben. Beiträge zum Konstruktivismus. München: Piper Verlag, 15. Auflage, 2002.

WEHMEYER, Carsten: Die Gestalter der Informatisierung: IT-Fachkräfte und deren Arbeits- und Handlungsfelder. In: PANGALOS, Joseph/SPÖTTL, Georg/KNUTZEN, Sönke/HOWE, Falk (Hrsg.): Informatisierung von Arbeit, Technik und Bildung. Eine berufswissenschaftliche Bestandsaufnahme. Münster: Lit Verlag, 2005, S. 253–264.

WEIDENMANN, Bernd: Handbuch Kreativität. (Sparte Weiterbildung und Qualifikation). Weinheim, Basel: Beltz Verlag, 2010.

WEINERT, Franz E.: Selbstgesteuertes Lernen als Voraussetzung, Methode und Ziel des Unterrichts. In: Unterrichtswissenschaft, 10. Jahrgang, Heft 2, 1982, S. 99–110.

WERNER, Dirk: Trends und Kosten der betrieblichen Weiterbildung – Ergebnisse der IW-Weiterbildungserhebung 2005. In: IW-Trends, 33, Heft 1/2006. Köln: Institut der Deutschen Wirtschaft, 2006.

Internetquellen – Netmarks

Internet 1 KELLERSOHN, Ralf: Ältere Arbeitnehmer lernen zu selten http://archiv.reticon.de/nachrichten/aeltere-arbeitnehmer-lernen-zu-selten_2188.html, 05.02.2014

Internet 2	Institut für Technik und Bildung – Uni Bremen http://www.itb.uni-bremen.de/arbeitsprozesse0+M54a708de802.html, 21.09.2011
Internet 3	GRUBER, Hans: Analyse von Tacit Knowledge in der Kompetenzforschung. http://www-user.uni-bremen.de/~los/berichte/band7/inhalt.html, 20.11.2011
Internet 4	DOHMEN, Günther: Das informelle Lernen. http://www.bmbf.de/pub/das_informelle_lernen.pdf, 20.11.2011
Internet 5	Nationaler Bildungsbericht 2010: http://www.bildungsbericht.de/daten2010/g_web2010.pdf, 13.02.2012
Internet 6	IT-Branche erwartet Umsatzrekord im Jahr 2013 http://www.manager-magazin.de/unternehmen/it/0,2828,870973,00.html, 06.02.2013
Internet 7	APO – Arbeitsorientierte Weiterbildung in der IT-Branche. http://www.gab-muenchen.de/pages/de/projekte/gute_beispiele/64.html 22.09.2010
Internet 8	MATTAUCH, Walter/LOROFF, Claudia: Arbeitsprozessorientierte Weiterbildung und die Zertifizierung von beruflich erworbener Handlungskompetenz in der IT-Branche. http://www.bibb.de/.../a41_experten-fachtagung_session 2__mattauch-doc_de.pdf, 09.02.2013
Internet 9	OSTERRIED, Hiltrud: IT-Weiterbildungssystem eröffnet neue Karrierepfade. http://www.computerwoche.de/index.cfm?pageid=257&artid=44945&category=44, 06.02.2013
Internet 10	www.bibb.de/de/wlk31488.htm, 23.02.3013
Internet 11	www.bibb.de/de/1427.htm//ww.bibb.de/de/1427.htm, 23.02.2013
Internet 12	http://www.kibb.de/cps/rde/xchg/SID-3C5594CA-5D16D958/kibb/hs.xsl/81.htm, 17.03.2010
Internet 13	www.die-bonn.de, 17.03.2010
Internet 14	www.iab.de, 17.03.2010
Internet 15	www.it-berufe.de, 17.09.2010
Internet 16	www.bildungsserver.de/db/mlesen.html?Id=14690, 27.04.2010
Internet 17	www.fachportalpaedagogik.de, 21.09.2010

Internet 18	http://www.kmk.org/bildung-schule/berufliche-bildung/rahmenlehrplaene-zu-ausbildungsberufen-nach-bbighwo/liste.html, 21.09.2010
Internet 19	IT-System-Elektroniker http://www.kmk.org/fileadmin/pdf/Bildung/BeruflicheBildung/rlp/IT-System-Elektroniker 97-04-25.pdf 21.09.2010
Internet 20	IT-System-Kaufmann http://www.kmk.org/fileadmin/pdf/Bildung/BeruflicheBildung/rlp/IT-System-Kaufmann97-04-25.pdf, 21.09.2010
Internet 21	Informatikkaufmann http://www.kmk.org/fileadmin/pdf/Bildung/BeruflicheBildung/rlp/Informatikkaufmann97-04-25.pdf, 21.09.2010
Internet 22	Fachinformatiker http://www.kmk.org/fileadmin/pdf/Bildung/BeruflicheBildung/rlp/Fachinformatiker97-04-25.pdf, 21.09.2010
Internet 23	http://www.it-medien-hamburg.de/sda, 06.02.2013
Internet 24	www.bibb.de/de/1427.htm//ww.bibb.de/de/1427.htm, 23.07.2008
Internet 25	www.kibnet.org/it-weiterbildung/index.html, 07.02.2013
Internet 26	www.it-fortbildung.net/it-weiterbildungssystem, 07.02.2013
Internet 27	Fischer, Martin: Über das Verhältnis von Wissen und Handeln in der beruflichen Arbeit und Ausbildung. S. 3. www.ibp.kit.edu/berufspaedagogik/download/AB__03_09.pdf, 25.05.2010
Internet 28	IT-Berufe: Berufsausbildung. Duale Ausbildung. www.it-berufe.de/index.php?node=21, 21.09.2010
Internet 29	Verordnung über die Berufsausbildung im Bereich der Informations- und Telekommunikationstechnik. § 3 – Struktur und Zielsetzung der Berufsausbildung. www.gesetze-im-internet.de/bundesrecht/itktausbv/gesamt.pdf, 20.04.2010
Internet 30	THISSEN, Frank: Konstruktivistische Lerntheorie. http://coforum.de/?2627, 10.12.2012
Internet 31	IT-Weiterbildung mit System. Neue Perspektiven für Fachkräfte und Unternehmen. (BMBF Dokumentation) http://www.cert-it.com/fileadmin/redaktion/Cert-IT/IT-Spezialisten/Informationen_zur_APO/BMBF-Broschuere_IT-weiterbildung_mit_system.pdf, 15.02.2013

Internet 32   Neuordnungen von Aus- und Weiterbildungsberufen. Berufsbildungsgesetz § 46 BBiG – alte Fassung vom 14. August 1969 – Berufliche Fortbildung, S. 12. http://www.bibb.de/dokumente/pdf/bbig_1969.pdf, 10.12.2012

Internet 33   Lernfelder – Rahmenlehrpläne IT. www.kmk.org/bildung-schule/berufliche-bildung/rahmenlehrplaene-zu-ausbildungsberufen-nach-bbighwo/liste.html – 21.09.2010

Internet 34   Verordnung über die berufliche Fortbildung im Bereich der Informations- und Telekommunikationstechnik (IT-Fortbildungsverordnung). Vom 3. Mai 2002 – geändert durch die dritte Verordnung zur Änderung der Fortbildungsordnungen vom 23. Juli 2010 (BGBl 2010, Teil I, Nr. 39, S. 1010). http://www2.bibb.de/tools/aab/ao/aendit.pdf – 12.08.2013

Internet 35   HERZWURM, Georg/PIETSCH, Wolfram: Management von IT-Produkten: Geschäftsmodelle, Leitlinien und Werkzeugkasten für softwareintensive Systeme und Dienstleistungen. Heidelberg: dpunkt.verlag GmbH, 2008, S. 1–9 www.dpunkt.de/leseproben/2969/Kapitel%201.pdf – 20.08.2013

Internet 36   MENEZ, Raphael/MUNDER, Irmtraud/TÖPSCH, Karin: Qualifizierung und Personaleinsatz in der IT-Branche. Stuttgart: ta-akademie, Arbeitsbericht Nr. 200, 2001 www.elib.uni-stuttgart.de/opus/volltexte/2004/1890/pdf/AB200.pdf – 11.08.2013

Internet 37   BAYER, Martin: Die IT-Welt in Zahlen. COMPUTERWOCHE Special vom 02.11.2012. http://www.computerwoche.de/a/die-it-welt-in-zahlen,2520525 –16.08.2013

Internet 38   PETERSEN, A. Willi/WEHMEYER, Carsten: Evaluation der neuen IT-Berufe. Abschlussbericht und Zusammenfassung der Evaluationsergebnisse – Befragungen und betriebliche Fallstudien zur bundesweiten IT-Ausbildung. Flensburg: biat – Universität Flensburg, 2001 http://www.biat.uni-flensburg.de/BIBB-IT/ – 16.08.2013

Internet 39   Bewerber für Berufsausbildungsstellen und Berufsausbildungsstellen im Agenturvergleich. Statistik der Bundesagentur für Arbeit. Bewerber und Berufsbildungsstellen, Juli 2013 http://statistik.arbeitsagentur.de/Statistikdaten/Detail/201307/iiia5/ausb-ausbildungsstellenmarkt-mit-zkt/ausbildungsstellenmarkt-mit-zkt-d-0-pdf.pdf – 16.08.2013

Internet 40	„Berufe im Spiegel der Statistik" - BIBB Berufsbild IT Kernberufe. Statistik der Bundesagentur für Arbeit. Bewerber und Berufsbildungsstellen, Juli 2013 http://bisds.infosys.iab.de/bisds/result?region=19&beruf=BIB_BF38&qualifikation=2 – 16.08.2013
Internet 41	Herzlich Willkommen beim IT-Systemhaus der Bundesagentur für Arbeit! BA-Informationstechnik – Aktuelle Ausbildungsplätze – Karriere. Stand vom 13.08.2013 http://www.arbeitsagentur.de/nn_29924/Navigation/Dienststellen/besondere-Dst/ITSYS/ITSYS-Nav.html – 16.08.20013
Internet 42	here are known knows. http://de.wikipedia.org/wiki/There_are_known_knowns – 26.08.2013
Internet 43	IBM, SAP & Co: IT-Branche erwartet Umsatzrekord im Jahr 2013 Stand vom 04.12.2012) www.manager-magazin.de/unternehmen/it/0,2828,druck-870973,00.html – 06.02.2013
Internet 44	Bundesministerium für Wirtschaft und Technologie – Pressemitteilung vom 01.08.2013: Unser duales Ausbildungssystem ist ein weltweiter Erfolgsschlager. http://www.bmwi.de/DE/Presse/pressemitteilungen,did=587468.html – 14.08.2013
Internet 45	Kultusministerkonferenz (KMK): Selbstgesteuertes Lernen in der Weiterbildung. Beschluss der Kultusministerkonferenz vom 14.04.2000. http://www.kmk.org/fileadmin/veroeffentlichungen_beschluesse/2000/2000_04_14_Selbstgesteuertes_Lernen.pdf – 20.12.2012
Internet 46	Deutscher Qualifikationsrahmen für Lebenslanges Lernen. Verabschiedet vom Arbeitskreis Deutscher Qualifikationsrahmen (AK DQR) am 22 März 2011 www.deutscherqaulifikationsrahmen.de – 04.02.2014
Internet 47	BLINGS, Jessica(SPÖTTL, Georg: Stellungnahme – Einbeziehung nicht-formal und informell erworbener Kompetenzen in den DQR. Bremen, Juni 2011. http://www.deutscherqualifikationsrahmen.de/de/expertenvoten/gutachten-und-stellungnahmen-zum-nichtformalen-un_gl4wdxqs.html – 04.02.2014
Internet 48	DEHNBOSTEL, Peter/SEIDEL, Sabine/STAMM-RIEMER, Ida: Einbeziehung von Ergebnissen informellen Lernens in den DQR - eine Kurzexpertise. Bonn, Hannover, 2010 http://www.deutscherqualifikationsrahmen.de/de/expertenvoten/gutachten-und-stellungnahmen-zum-nicht-formalen-un_gl4wdxqs.html – 04.02.2014

Internet 49　CEDEFOP (Hrsg.): Europäische Leitlinien für die Validierung nicht formalen und informellen Lernens. Luxembourg 2009. www.cedefop.europa.eu/EN/Files/4054_de.pdf – 20.01.2014

Internet 50　PSCHEIDA, Daniela: Wissen und Wissenschaft unter digitalen Vor-zeichen. 2013 http://www.bpb.de/apuz/158655/wissen-und-wissenschaft-unter-digitalen-vorzeichen – 09.06.2014

Internet 51　BÖSCHEN, Stefan/SOENTGEN, Jens/WEHLING, Peter: Nicht-wissenskulturen. www.wzu.uni-augsburg.de/projekte/projekte_abgeschlossen/nichtwissenskulturen.html 09.06.2014

Internet 52　WEHLING, Peter: Soziale Praktiken des Nichtwissens. 2013 www.bpb.de/apuz/158664/soziale-praktiken-des-nichtwissens – 12.06.2014

Anhang

Anhang A

A 1 Anschreiben

Nach einem ersten informatorischen Telefonat, wurde per mail die Anfrage an die zuständige Person im jeweiligen IT-Unternehmen geschickt.

Forschungsvorhaben in Ihrem Unternehmen

Sehr geehrter Herr/Sehr geehrte Frau,

auf diesem Wege nochmals vielen Dank für das freundliche Telefonat am gestrigen. Wie besprochen, schicke ich Ihnen mein Anliegen nochmals schriftlich mit diesem Schreiben.

Mein Name ist Isa-Dorothe Gardiewski, ich bin Wissenschaftliche Mitarbeiterin im Fachgebiet Pädagogik der TU Kaiserslautern und promoviere über das Arbeitsprozesswissen. In meinem Forschungsvorhaben im Bereich der Berufspädagogik mit Schwerpunkt in den IT-Berufen untersuche ich das Arbeitsprozesswissen und dabei das unbekannte Wissen, das zwar nicht in der Ausbildung gelehrt wird, sich der Mitarbeiter aber am Arbeitsplatz aneignet.

Als Untersuchungsinstrumente stehen mir Arbeitsprozessstudien und Vor-Ort-Beobachtungen zur Verfügung, die ich gerne in Ihrem Unternehmen der IT-Branche durchführen möchte.

Besteht die Möglichkeit, einen Ihrer Mitarbeiter einen Tag lang bei seiner Arbeit zu begleiten, um meine Beobachtungen durchführen zu können? Ich versichere Ihnen einen reibungslosen Arbeitsablauf, da ich natürlich nur beobachtend und bei Bedarf fragend tätig bin. Die Ergebnisse werden selbstverständlich vertraulich und anonym behandelt und dienen lediglich meinen Forschungszwecken.

Ich freue mich, von Ihnen zu hören und bedanke mich bereits im Voraus für Ihre Unterstützung!

Schöne Grüße,
Ihre

Isa-Dorothe Gardiewski

Wilhelm-Haspel-Strasse 55
71065 Sindelfingen
T 0170.7 38 83 60

A 2 Die Arbeitsprozessanalysen als Kombination von Arbeitsbeobachtungen und Gesprächen (um auch an Hintergrundinformationen zu gelangen), gestalteten sich anlehnend an folgenden Fragenkatalog:

> Frage nach der Arbeitsperson - Informationen zur Ausbildung und tätigen Berufsausübung des befragten IT-Experten.
>
> Frage nach dem fachlichen und persönlichen Know-how des Facharbeiters.
>
> Frage nach dem Verständnis für Arbeitsaufgaben.
>
> Frage nach der Häufigkeit des Auftretens der jeweiligen Arbeit im Berufsalltag.
>
> Frage nach der Relevanz von Herausforderungen zukünftiger Arbeitsabläufe und dem Arbeitsprozesswissen.
> (Welche Herausforderungen sind zukünftig für den Arbeitsablauf und das Arbeitsprozesswissen relevant?)
>
> Frage nach Schwierigkeiten, auf die eine IT-Fachkraft bei der qualifizierten und möglichst effektiven Ausführung der gestellten Aufgabe stößt.
>
> Kontrollfrage:
> Frage nach der Beseitigung der auftretenden Schwierigkeiten, nach der Aufgabenbewältigung und nach einer letztendlich zufrieden stellenden Beantwortung der Fragestellungen.
>
> Frage nach dem Umgang der IT-Fachkraft mit unvorhergesehenen Problemen während des Arbeitsprozesses. Selbstständiger Umgang oder Nachfragen bei und Absichern durch den Vorgesetzten?
>
> Frage nach dem Finden von Lösungsansätzen.
>
> Frage nach dem Aufbau einer persönlichen Strategie zur Filterung von Wissen und Aufgabenstellungen.
>
> Frage nach der Zufriedenheit der IT-Spezialisten in einem facettenreichen Arbeitsumfeld.
>
> Frage nach Weiterbildungsmöglichkeiten – betrieblich oder privat organisiert.
>
> Frage nach monetären und temporären Faktoren.
>
> Frage nach dem Umgang der Befragten mit dem Zeitdruck im Arbeitsprozess.
>
> Frage nach zusätzlich vorhandenem Wissen.
>
> Frage nach fehlendem Wissen für die erfolgreiche Ausübung des Berufes.
>
> Frage nach Kritikpunkten in der Ausbildung.

Frage nach Wünschen hinsichtlich des gesamten Arbeitsumfeldes.

Frage nach dem Wissensstand der IT-Fachkraft. Auf welchem Weg verschafft sich die Fachkraft aktuelles Wissen rund um berufliche Notwendigkeiten?

Frage nach den besonderen Fähigkeiten der Fachkraft zur Ausübung der eingegrenzten IT-Berufe.

A 2.1 Fragenkatalog – offene Fragestellung

– Welche Ausbildung haben Sie durchlaufen? Quereinsteiger? Welchen Beruf üben Sie heute aus? Und welchen Beruf üben Sie offiziell aus?
– Welches fachliche und persönliche Know-how besitzen Sie als IT-Experte/Expertin?
– Wie sehen Ihre Arbeitsaufgaben aus? (Strukturierung)
– Welche charakteristischen Aufgabenbereiche kennzeichnen Ihre Berufstätigkeit?
– Auf welche Fähigkeiten kommt es in Ihrem Beruf besonders an?
– Welche Erwartungen werden an den Beruf gestellt? (Erwartungen seitens des Betriebs, seitens der eigenen Person)
– Welche Herausforderungen sind zukünftig für den Arbeitsablauf und das Arbeitsprozesswissen relevant?
– Auf welche Schwierigkeiten stoßen Sie als IT-Fachkraft bei der qualifizierten und möglichst effektiven Ausführung der gestellten Aufgaben?
– Wie werden die Schwierigkeiten beseitigt, die Aufgaben bewältigt und die Fragestellungen zufriedenstellend beantwortet?
– Wird Weiterbildung von Seiten des Unternehmens angeboten?
– Wenn ja, wie sieht diese Weiterbildung aus? (inhouse oder extern vergeben; zeitlicher und kostenorientierter Aspekt)
– Wie werden neue Lösungsansätze gefunden?
– Befinden Sie sich auf dem neuesten Stand der Entwicklungen? Auf welchem Weg verschaffen Sie sich aktuelles Wissen rund um berufliche Notwendigkeiten?
– Welche Kritikpunkte gilt es festzuhalten – für die Zeit der Ausbildung?
– Sind Sie denn zufrieden mit Ihrem Job in einem facettenreichen Arbeitsumfeld?
– Wie gehen Sie als IT-Fachkraft mit unvorhergesehenen Problemen während des Arbeitsprozesses um? Lösen Sie die auftretende Schwierigkeit selbstständig oder fragen Sie zum Absichern beim Vorgesetzten nach? (Kontrollfrage)
– Wie gehen Sie mit dem Zeitdruck im Arbeitsprozess um?
– Welche Wünsche haben Sie für Ihre berufliche Zukunft?
Ich bedanke mich herzlich für Ihre Bereitschaft, Ihr Vertrauen und den insgesamt kommunikativen und erkenntnisreichen Tag mit Ihnen!

A 3 Transkriptionen

A 3.1 Transkription der Aufzeichnungen der Arbeitsprozessanalysen im Unternehmen A mit Anwendungsinformatiker (A1) und Systeminformatiker (A2)
– 06. August 2010 –

- **Welche Ausbildung haben Sie durchlaufen? Quereinsteiger? Welchen Beruf üben Sie heute aus? Und welchen Beruf üben Sie offiziell aus?**

    A1: „Normale Duale Ausbildung durchlaufen mit dem Abschluss als Fachinformatiker mit Fachrichtung Anwendungsentwicklung. Eingestellt bin ich als Programmierer, bin aber vornehmlich mit der Buchhaltung beschäftigt."

    A2: „Habe ebenfalls die duale Ausbildung durchlaufen mit dem Abschluss als Fachinformatiker mit Fachrichtung Systemintegration. Eingestellt bin ich als Programmierer und arbeite auch als Programmierer."

- **Welches fachliche und persönliche Know-how besitzen Sie als IT-Experte?**

    A1: „Wir sind Allrounder, wir müssen alles können."

    A2: „Ich bin eher der Freak, der gerne herumbastelt."

- **Wie sehen Ihre Arbeitsaufgaben aus? (Strukturierung)**

    A1: „Jeden Morgen erhält jeder Mitarbeiter per namentlich vergebenen Issues seine Tagesaufgabe. Der Chef hat fast den gesamten Kundenkontakt, die Akquise und die Kundenbindung."

    A2: „Meine Aufgabe ist das kundenspezifische Programmieren, also klassische Anwendungs-IT."

- **Auf welche Fähigkeiten kommt es in Ihrem Beruf besonders an?**

    A1: „Die Anforderungen für Informatiker sind Papier, Bleistift und Radiergummi! Denn immer noch werden in der Branche Lösungskonzeptionen auf Papier skizziert."

    A2: „Wir müssen uns immer wieder in die Kundenwünsche eindenken und diese dann auch noch umsetzen in die gestellten Programmieraufgaben."

- **Welche Erwartungen werden an den Beruf gestellt? (Erwartungen seitens des Betriebs, seitens der eigenen Person)**

  A1: „Ich muss korrekte Zahlen abliefern. Aber ich will nicht für immer mit Zahlen jonglieren, vielleicht kann dass ja mal ein Azubi übernehmen."

  A2: „Wir müssen schnell arbeiten und Aufträge schnell abwickeln, die Konkurrenz draußen ist groß. Ab und zu habe ich auch Kundenkontakt, deshalb muss ich am Telefon und bei persönlichen Kundengesprächen Höflichkeit üben."

- **Welche Herausforderungen sind zukünftig für den Arbeitsablauf und das Arbeitsprozesswissen relevant?**

  A1: ?

  A2: „Wir müssen noch selbstständiger arbeiten, noch mehr wissen und unsere Arbeitszeit noch besser nutzen."

- **Auf welche Schwierigkeiten stoßen Sie als IT-Fachkraft bei der qualifizierten und möglichst effektiven Ausführung der gestellten Aufgaben?**

  A1: „Meine größte Schwierigkeit ist, dass ich alles nachschlagen muss. Buchhaltung ist nicht meine Sache und richtig gelernt habe ich das auch nicht. Aber einer muss es halt hier im kleinen Betrieb machen."

  A2: „Wir Mitarbeiter werden oft „ins kalte Wasser geworfen", um Problemstellungen eigenständig zu lösen. Fragen, Nachhaken, Erfahrungen von Kollegen nutzen, mal schnell im Netz nachschauen … immer öfters ins Netz, geht schnell und es steht alles drin!"

- **Wie werden die Schwierigkeiten beseitigt, die Aufgaben bewältigt und die Fragestellungen zufrieden stellend beantwortet?**

  A1: „Bei uns hier immer gemeinsam. Mein Kollege hier ist sehr nett und ich kann ihn ständig fragen."

  A2: „Ja, ich frage ihn immer, ob er Hilfe braucht. Ich gebe gern mein Wissen weiter. So als sein direkter Vorgesetzter habe ich ihm auch schon kurzfristig anberaumte kleine Schulung direkt am Arbeitsplatz gegeben, alles ganz unkonventionell, Sie verstehen? Dafür nehme ich mir gern die Zeit. Manchmal habe ich auch viel Zeit dafür, wenn mein Computer zum Beispiel einen Select durchführt."

- **Wie werden neue Lösungsansätze gefunden?**

    A1: „Für ‚Organisatorisches' frage ich immer beim Chef nach."

    A2: „Wir beide reden erst mal darüber. Dann schaue ich auf verschiedenen Netzplattformen nach oder lese in tollen Foren, die es jetzt gibt. Vertrauensvolle Seiten dabei sind die Expertenseiten wie SUN, Oracle, IBM."

- **Wird Weiterbildung von Seiten des Unternehmens angeboten?**

    A1: „Richtige Weiterbildung? Nein. Aber wir bekommen Literatur zur Verfügung gestellt."

    A2: „Im Gespräch mit dem Chef beim gemeinsamen morgendlichen Kaffee erzählt er von Neuigkeiten, von Messen. Und dann diskutieren wir am Stehtisch."

- **Wenn ja, wie sieht diese Weiterbildung aus? (inhouse oder extern vergeben; zeitlicher und kostenorientierter Aspekt)**

    A1:

    A2:

- **Befinden Sie sich auf dem neuesten Stand der Entwicklungen? Auf welchem Weg verschaffen Sie sich aktuelles Wissen rund um berufliche Notwendigkeiten?**

    A1: „Ich schaue viel in den Nachschlagewerken, lese in aktuellen Zeitschriften und in den Büchern, die uns der Chef zur Verfügung stellt."

    A2: „Kann man das überhaupt sein in der Computerbranche? Alles veraltet so schnell. Ich habe mal freiwillig an einer externen Weiterbildungsmaßnahme teilgenommen. Aber da gab es zu wenig Input. Besser ist es, ich bleibe hier an meinem Computerplatz und hole mir das Notwendige aus dem Netz. Ich spare Zeit und der Chef sein Geld."

- **Welche Kritikpunkte gilt es festzuhalten – für die Zeit der Ausbildung?**

    A1: „Ich kämpfe in der Buchhaltung ganz besonders mit der englischen Fachsprache, die wir nie gelernt haben, aber tagtäglich benötigen. Die Computersprache ist halt mal eben Englisch. Außerdem hakt es mit der doppelten Buchhaltung, ist mir nie beigebracht worden."

A2 + A1: „Da gibt es eine lange Liste an Mängeln aus der Berufsschulzeit:
- Sprache
- kein Mathe gelehrt
- keine Physik (als angewandte Mathematik auf Hardwareebene)
- nur Kommunikation auf Deutsch im Unterricht
- Soft Skills
- gefordert bei der Arbeit wird die Erstellung von Dokumentationen (fast zu 50% der Arbeitsleistung eines Programmierers), jedoch wird dies nicht gelehrt, sondern muss sich selbst angeeignet werden."

- **Sind Sie denn zufrieden mit Ihrem Job in einem facettenreichen Arbeitsumfeld?**

   A1: „In der Buchhaltung weniger. Aber abends quatsche ich oft mit Kollegen, also Freunden noch aus der Berufsschule, und die machen mir immer wieder Mut."

   A2: „Ja. Ich bin schon länger dabei und habe deshalb auch schon mehr Erfahrung. Dadurch habe ich auch mehr Arbeit und auch mehr Verantwortung bekommen."

- **Wie gehen Sie als IT-Fachkraft mit unvorhergesehenen Problemen während des Arbeitsprozesses um? Lösen Sie die auftretende Schwierigkeit selbstständig oder fragen Sie zum Absichern beim Vorgesetzten nach? (Kontrollfrage)**

   A1: „Ich hole mein Wissen viel über Bücher. Oder ich frage meinen Kollegen und meinen Chef, falls der Kollegen noch nicht am Arbeitsplatz ist."

   A2: „Diese Frage habe ich eben schon mal beantwortet."

- **Wie gehen Sie mit dem Zeitdruck im Arbeitsprozess um?**

   A1: „Wir haben relativ flexible Arbeitszeiten."

   A2: „Ab und zu gibt's Leerlauf, wenn Selects durchgeführt werden, dann bin ich in Gedanken an weiteren Schritten oder manchmal will ich auch nur den Kopf frei bekommen. Dann warte ich halt auf weiteren Input für neue Ideen – durch den Select."

- **Welche Wünsche haben Sie für Ihre berufliche Zukunft?**

   A1: „Einen sicheren Arbeitsplatz."

   A2: „Gezieltere Ausbildung in der Berufsschule, damit ich mir nicht jetzt im Beruf alles nacharbeiten muss."

A 3.2 Transkription der Aufzeichnungen der Arbeitsprozessanalysen im Unternehmen B mit IT-System-Elektroniker (B1) und Azubi IT-System-Elektronikerin (B2)
– 10. August 2010 –

- **Welche Ausbildung haben Sie durchlaufen? Quereinsteiger? Welchen Beruf üben Sie heute aus? Und welchen Beruf üben Sie offiziell aus?**

    B1: „Das ist schon lange her. Eigentlich bin ich Elektriker, habe dann aber umgesattelt. Jetzt bin ich sogar mein eigener Herr und bin für alles zuständig."

    B2: „Ich stecke gerade mittendrin und will System-Elektronikerin werden. Ich bin im zweiten Lehrjahr."

- **Welches fachliche und persönliche Know-how besitzen Sie als IT-Experte?**

    B1: „Ich habe mich auf die Telekommunikationssysteme eingefahren. Ich handele mit Softwarelizenzen, baue diese um und entwickele sie weiter, so dass sie beim Kunden passen. Die gesamte wirtschaftliche Projektabwicklung liegt natürlich auch in meiner Hand."

    B2: „Ich schaue zu, muss aber auch viel mit anpacken und Installationen im Alleingang durchführen."

- **Wie sehen Ihre Arbeitsaufgaben aus? (Strukturierung)**

    B1: „Das kommt auf den Arbeitgeber und den speziellen Kundenwunsch an. Ich bin quasi der Klempner, der bei Problemen gerufen wird. Alles muss dann schnell repariert oder eingebaut und verbunden werden."

    B2: „Die Arbeitsaufgaben gibt mir der Chef. Manchmal, wenn ein neuer Auftrag rein kommt, ist hier Chaos und ich arbeite an Sachen, die ich noch gar nicht in der Schule hatte."

- **Auf welche Fähigkeiten kommt es in Ihrem Beruf besonders an?**

    B1: „Ich muss immer im Bilde sein über neue Entwicklungen, denn der Kunde verlangt nach neuen Lösungsansätzen. Der Kunde hat sich meist auch schon informiert."

    B2: „Man muss fachlich gut sein, aber auch freundlich zu den Kunden sein und sich aber auch mit unseren Lösungsvorschlägen durchsetzen können."

- **Welche Erwartungen werden an den Beruf gestellt?** (Erwartungen seitens des Betriebs, seitens der eigenen Person)

    B1: „Natürlich fachliche Kompetenz. Aber so als Einzelkämpfer, mit nur einer Auszubildenden, muss man auch nach draußen den Chef markieren."

    B2: „Mein Chef macht keinen Unterschied, weil ich eine Frau bin, ich muss alles können. Und ich selbst will mich beweisen, gerade auch in einem männlichen Beruf."

- **Welche Herausforderungen sind zukünftig für den Arbeitsablauf und das Arbeitsprozesswissen relevant?**

    B1: „Wissen wird komplexer, so dass man nicht alles wissen kann. Deshalb muss man wissen, wo man sich das Wissen holen kann. Der Wissensaustausch zwischen uns Kleinunternehmer wird immer schwieriger. Es werden bewusst Barrieren aufgebaut, so bald ein IT-Unternehmen keine Rechte auf bestimmte Software besitzt."

    B2:

- **Auf welche Schwierigkeiten stoßen Sie als IT-Fachkraft bei der qualifizierten und möglichst effektiven Ausführung der gestellten Aufgaben?**

    B1: „Es herrscht ein Kampf auf der Basis von Softwarelizenzen. Die Diskrepanz wird immer größer, denn von oben wird politisch entschieden, nicht immer pragmatisch, und so entstehen dann die Abhängigkeiten nach unten."

    B2: „Wenn der Chef sagt. Mach mal, probiere mal aus."

- **Wie werden die Schwierigkeiten beseitigt, die Aufgaben bewältigt und die Fragestellungen zufrieden stellend beantwortet?**

    B1: „Als Einzelkämpfer muss ich vor Ort alleine entscheiden, welcher Lösungsweg, meist auf die Schnelle, einzuschlagen ist. Wenn mich ein Problem länger beschäftigt, dann muss ich mich halt nach getaner Arbeit darüber informieren."

    B2: „Bei einem Projekt hat sogar mal mein Schulstoff weitergeholfen."

- **Wie werden neue Lösungsansätze gefunden?**

    B1: „Viel Überlegen und mit viel Erfahrung aus einem langen Arbeitsleben."

    B2:

- **Wird Weiterbildung von Seiten des Unternehmens angeboten?**

    B1: „Ich selbst surfe viel im Netz oder frage auch schon mal einen befreundeten Kollegen. Frau B2 bildet sich ja noch in der Schule weiter."

    B2: „Ich lerne viel durch die Anweisungen von Herrn B1."

- **Wenn ja, wie sieht diese Weiterbildung aus? (inhouse oder extern vergeben; zeitlicher und kostenorientierter Aspekt)**

    B1:

    B2:

- **Befinden Sie sich auf dem neuesten Stand der Entwicklungen? Auf welchem Weg verschaffen Sie sich aktuelles Wissen rund um berufliche Notwendigkeiten?**

    B1: „Ich denke schon. Wenn auch alles so schnelllebig ist in unserer Branche, wollen die Kunden zufrieden gestellt werden, und das mit ganz individuellen und aktuellen Lösungen. Und wenn die Kundschaft zufrieden ist und Folgeaufträge vergibt, dann ist das für mich ein Spiegelbild dafür, dass ich gut gearbeitet habe. Neues Wissen erhalte ich dabei auch im Gespräch mit der Kundschaft."

    B2: „Bestimmt nicht, ich muss noch viel lernen. Was ich hier oder in der Berufsschule nicht lerne, schaue ich im Internet nach. So machen das alle von uns."

- **Welche Kritikpunkte gilt es festzuhalten – für die Zeit der Ausbildung?**

    B1: „Für mich ist es immer wieder interessant zu erfahren, welche Unternehmen unter IT firmieren, aber nichts und überhaupt nichts damit zu tun haben. Aber es klingt halt modern und sie sind erst mal im Gespräch."

    B2: „Ich habe das Gefühl, dass ich in der Schule nicht genau das lerne, was ich hier für meine Arbeit brauche, vor allem Englisch."

- **Sind Sie denn zufrieden mit Ihrem Job in einem facettenreichen Arbeitsumfeld?**

    B1: „Nicht immer."

    B2: „Ja. Ich fühle mich hier wohl. Die Arbeit macht Spaß, ich komme viel rum mit Herrn B1 und er ist auch geduldig mit mir."

- **Wie gehen Sie als IT-Fachkraft mit unvorhergesehenen Problemen während des Arbeitsprozesses um? Lösen Sie die auftretende Schwierigkeit selbstständig oder fragen Sie zum Absichern beim Vorgesetzten nach? (Kontrollfrage)**

    B1: „Durch meine Erfahrungen."

    B2: „Ich frage erst mal den Chef."

- **Wie gehen Sie mit dem Zeitdruck im Arbeitsprozess um?**

    B1: „Ich weiß ja auf was ich mich da eingelassen habe, als ich mich selbstständig gemacht habe. Organisation ist alles."

    B2: „Da ich noch in der Ausbildung bin, habe ich doch noch nicht die große Verantwortung in den Projekten. Und wenn es zeitlich knapp wird, hilft mir der Chef."

- **Welche Wünsche haben Sie für Ihre berufliche Zukunft?**

B1: „Dass der IT-Wahnsinn mit dem Systeme-Hüpfen ein Ende hat."

B2: „Ich würde gerne hier bei Herrn B1 bleiben. Da ich aber nicht weiß, ob er mich übernehmen kann, wünsche ich mir einen Job, wo ich auch als Frau ernst genommen werde."

A 3.3 Transkription der Aufzeichnungen der Arbeitsprozessanalysen im Unternehmen C mit Anwendungsinformatiker (C1) und IT-System-Elektroniker (C2)
– 17. August 2010 –

- **Welche Ausbildung haben Sie durchlaufen? Quereinsteiger? Welchen Beruf üben Sie heute aus? Und welchen Beruf üben Sie offiziell aus?**

    C1: „Von der Ausbildung her bin ich eigentlich IT-System-Kaufmann, habe aber den Job als Anwendungsinformatiker, also offiziell Fachinformatiker … Anwendungsentwicklung."

    C2: „Ich bin gelernter IT-System-Elektroniker und arbeite als solcher, aber auch als Anwendungsinformatiker. Und immer zusammen mit meinem Kollegen Herr C1."

- **Welches fachliche und persönliche Know-how besitzen Sie als IT-Experte?**

    C1: „Wir brauchen Kenntnisse im Programmieren."

    C2: „Vor allem müssen wir die Programmiersprachen kennen. Und was der eine nicht weiß, das weiß der andere in unserem Zweierteam."

- **Wie sehen Ihre Arbeitsaufgaben aus? (Strukturierung)**

    C1: „Da gibt es eigentlich keine richtige Struktur, denn jeder Tag sieht anders aus. Wir bauen Festplatten ein, nehmen Neuinstallationen vor, schulen das Personal, fertigen unsere Abrechnungen an."

    C2: „Typische Anwendungstätigkeiten. Wir verbinden Rechner im Netz, schließen Drucker an und installieren Treiber. Wir geben Erklärungen und bieten Lösungen an."

- **Auf welche Fähigkeiten kommt es in Ihrem Beruf besonders an?**

    C1: „Oft sind wir draußen vor Ort beim Kunden und müssen uns dort auf die Probleme einstellen. Aber nicht nur fachlich hinsichtlich Informationstechnologie, sondern auch kundenspezifisch."

    C2: „Wie vor kurzem in einem großen Ärztehaus. Da hatten wir eine Softwareanwendung zur Erstellung eines Totenscheins zu konzipieren. Und ich hatte zuvor noch nie so ein Papier gesehen. Ja, wir müssen immer neugierig sein, Neues lernen."

- **Welche Erwartungen werden an den Beruf gestellt?** (Erwartungen seitens des Betriebs, seitens der eigenen Person)

    C1: „Genau das. Immer bereit sein für Neues."

    C2: „Wir müssen uns in allen Bereichen, wo wir eingesetzt sind, engagieren und Einsatz zeigen."

- **Welche Herausforderungen sind zukünftig für den Arbeitsablauf und das Arbeitsprozesswissen relevant?**

    C1: „Immer mit vorne dabei zu sein und neue Trends zu sehen. Trendscouting. Wir sollten immer mehr wissen, als wir heute noch für die Arbeit benötigen, denn morgen kann die selbe Arbeit schon ganz verändert aussehen."

    C2: „In unserem Bereich zum Beispiel, werden wir nicht mehr so oft vor Ort sein müssen, sondern zukünftig wird die Kundenbetreuung per Fernwartung ablaufen. Das wird in Zukunft Standard sein."

- **Auf welche Schwierigkeiten stoßen Sie als IT-Fachkraft bei der qualifizierten und möglichst effektiven Ausführung der gestellten Aufgaben?**

    C1: „Dass ich als selfman alles alleine mit meinem Kollegen stemmen muss. Wir werden oft ins kalte Wasser geworfen – mach mal."

    C2: „Ich habe die Angst, mit meinem Können dem Kunden und seinen teils spontanen Wünschen nicht gerecht zu werden."

- **Wie werden die Schwierigkeiten beseitigt, die Aufgaben bewältigt und die Fragestellungen zufrieden stellend beantwortet?**

    C1: „Probleme lösen wir, indem wir immer wieder Ausprobieren. Und wenn das nichts hilft, dann gibt es ja noch das Internet oder auch die Hotlines. Die geben uns weitere Hilfe und Anleitungen. Mit dem Firmenhandy ist das Anrufen kein Problem."

    C2: „Ja, und wenn wir mal im Büro Zeit haben, dann machen wir uns auch selbst weitere Gedanken darüber."

- **Wie werden neue Lösungsansätze gefunden?**

    C1: „Vor Ort bei Kunden mit neu auftretenden Problemen müssen wir sofort Lösungen finden. Im Büro können wir solche Angelegenheiten mit unserem Vorgesetzten besprechen. Er interessiert sich auch dafür."

C2: „Zusammen probieren wir alles aus, was wir wissen, bis wir endlich den Kunden zufrieden gestellt haben."

- **Wird Weiterbildung von Seiten des Unternehmens angeboten?**

  C1: „Ja, aber die nutzt sowie keiner, keine Zeit."

  C2: „Ja."

- **Wenn ja, wie sieht diese Weiterbildung aus?** (inhouse oder extern vergeben; zeitlicher und kostenorientierter Aspekt)

  C1: „Unser Chef bietet uns Informationen an, die er selbst in Fortbildungen bekommen hat."

  C2: „Aber da unser Chef auch nicht viel im Betrieb ist oder wir halt oft bei den Kunden sind, haben wir noch nie eine Schulung mit dem Chef genossen."

- **Befinden Sie sich auf dem neuesten Stand der Entwicklungen? Auf welchem Weg verschaffen Sie sich aktuelles Wissen rund um berufliche Notwendigkeiten?**

  C1: „Wir müssen uns ja ständig mit irgendwelchen Fehlern befassen und auseinandersetzen. Und daran lernen wir."

  C2: „Wir lernen anhand der Arbeit, die wir täglich bewältigen. Und da gehört das schnelle Wissen aus dem Internet dazu."

- **Welche Kritikpunkte gilt es festzuhalten – für die Zeit der Ausbildung?**

  C1: „Ich komme mir manchmal vor wie auf einer Entdeckungsreise, denn ich entdecke täglich neue Arbeitsaufgaben. Manchmal ist es ganz schön viel und ich komme mir so unvorbereitet und unwissend vor."

  C2: „Ich sage es kurz und schmerzlos: Alles veraltet, der Unterrichtsstoff und die Lehrer."

- **Sind Sie denn zufrieden mit Ihrem Job in einem facettenreichen Arbeitsumfeld?**

  C1: „Schön an diesem Beruf ist, dass es nie langweilig wird."

  C2: „Ja, eigentlich schon. Aber irgendwann will ich noch Karriere machen."

- **Wie gehen Sie als IT-Fachkraft mit unvorhergesehenen Problemen während des Arbeitsprozesses um? Lösen Sie die auftretende Schwierigkeit selbstständig oder fragen Sie zum Absichern beim Vorgesetzten nach? (Kontrollfrage)**

C1: „Meist müssen wir da selbst durch."

C2: „Und meist mit unseren multimedialen Helfern…"

- **Wie gehen Sie mit dem Zeitdruck im Arbeitsprozess um?**

C1: „Manchmal fühle ich mich überfordert."

C2: „Wenn einer von uns installiert, kann der andere schon am anderen PC Kontrolltests durchführen, und bei den zeitintensiven runs kommt man auch selbst wieder runter."

- **Welche Wünsche haben Sie für Ihre berufliche Zukunft?**

C1: „Ich möchte diesem Job gerecht werden können, so lange ich arbeite."

C2: „Ich will einen beruflichen Aufstieg schaffen."

A 3.4 Transkription der Aufzeichnungen der Arbeitsprozessanalysen im Unternehmen D mit Systeminformatikerin (D1) und IT-System-Elektroniker (D2)
– 25. August 2010 –

- Welche Ausbildung haben Sie durchlaufen? Quereinsteiger? Welchen Beruf üben Sie heute aus? Und welchen Beruf üben Sie offiziell aus?

D1: „Ich habe die Ausbildung zur Fachinformatikerin mit Richtung Systemintegration abgeschlossen, aber arbeite mehr oder weniger als Beraterin."

D2: „Ich bin mit Leib und Seele Systemelektroniker, denn ich tüftele gerne."

- Welches fachliche und persönliche Know-how besitzen Sie als IT-Experte?

D1: „Ich bin die typische Allrounderin, denn zum Know-how der Systeminformatikerin gehört ja auch die Beratung und der Kundenkontakt."

D2: „Mein berufliches Leben dreht sich meist um die Installation und Wartung von Netzwerken. Zu Hause besitze ich viele PCs, meist alte Rechner, die ich aus- und umbaue. Für die Anbindung an Netzwerke sind die aber nicht mehr geeignet."

- Wie sehen Ihre Arbeitsaufgaben aus? (Strukturierung)

D1: „Ich betreue den bestehenden Kundenstamm telefonisch und im persönlichen Kontakt. Dabei berate ich natürlich beim Kauf von Hardware- und Software, vornehmlich Softwarelösungen aus unserem Hause. Ein Großteil meiner Arbeit steckt neben der Kundenbindung auch in der Kundenakquise."

D2: „Ich sorge für den reibungslosen Ablauf der Netzwerke in unserem Unternehmen."

- Auf welche Fähigkeiten kommt es in Ihrem Beruf besonders an?

D1: „Wie für alle Fachinformatiker gilt auch für mich der Grundsatz: Nie ohne Papier, Bleistift und Radiergummi. Meine Lösungsvorschläge skizziere ich noch ganz schlicht, ganz auf den Kunden zugeschnitten. Neben der fachlichen benötige ich deshalb auch viel Menschenkenntnis."

D2: „Ich muss mich auf mein eigenes Können und Wissen verlassen können. Ich muss schnell umdisponieren können, um mit den schnell wechselnden Aufgabenstellungen fertig zu werden."

- **Welche Erwartungen werden an den Beruf gestellt? (Erwartungen seitens des Betriebs, seitens der eigenen Person)**

    D1: „Ich muss in diesem Beruf kompetent und freundlich sein und zusätzlich als Frau in einem Beruf der IT-Branche noch überzeugender sein. Mein Klientel sind meist Männer."

    D2: „Ich muss gut analysieren können, mit welchen Problemstellungen ich es zu tun habe und darauf schnell und umfassend reagieren können."

- **Welche Herausforderungen sind zukünftig für den Arbeitsablauf und das Arbeitsprozesswissen relevant?**

    D1: „Einen reinen informationstechnologischen Arbeitsprozess kenne ich schon nicht mehr, da ich sofort in die reine Beratungstätigkeit gewechselt bin."

    D2: „Wir müssen noch selbstständiger und schneller arbeiten, uns das umfassendere Wissen, was verlangt wird, auch noch selbst aneignen."

- **Auf welche Schwierigkeiten stoßen Sie als IT-Fachkraft bei der qualifizierten und möglichst effektiven Ausführung der gestellten Aufgaben?**

    D1: „Ich sehe mich nicht mehr direkt als IT-Fachkraft."

    D2: „Ich bin alleine im Bereich der Netzwerkbetreuung und muss jeden Schritt alleine entscheiden. Und meine Kollegen sind in anderen IT-Bereichen beschäftigt und stehen nicht immer für Rückfragen zur Verfügung."

- **Wie werden die Schwierigkeiten beseitigt, die Aufgaben bewältigt und die Fragestellungen zufrieden stellend beantwortet?**

    D1:

    D2: „Zuerst probiere ich eventuelle Schwierigkeiten mit meinem Erfahrungsschatz an Netzwerklösungen zu beseitigen. Aber für was arbeite ich nun mal mit Netzwerken und dem Internet? Beim Surfen von einer zur anderen page findet sich immer eine Lösung."

- **Wie werden neue Lösungsansätze gefunden?**

    D1: „Für neue konzeptionelle Lösungsansätze beim Beratungsgespräch schalte ich meist Kollegen ein."

    D2: „Wie gesagt, im Netz finden sich auch neue Lösungsansätze, die ich dann auf unsere Vorgaben im Betrieb hin anpasse."

- **Wird Weiterbildung von Seiten des Unternehmens angeboten?**

    D1: „Ja, es wird Weiterbildung in verschiedenen Bereichen angeboten."

    D2: „Ja."

- **Wenn ja, wie sieht diese Weiterbildung aus? (inhouse oder extern vergeben; zeitlicher und kostenorientierter Aspekt)**

    D1: „Diese extern vergebenen Veranstaltungen sind recht kostenintensiv für unser Unternehmen."

    D2: „Ich habe auch schon an solchen Weiterbildungskursen teilgenommen, Aber das waren immer solche Tagesveranstaltungen, die inhaltlich nie in die Tiefe griffen. Und schon nicht meine Arbeit betrafen. Wenn ich darüber nachdenke, haben mir diese Fortbildungstage keine neuen Erkenntnisse gebracht."

- **Befinden Sie sich auf dem neuesten Stand der Entwicklungen? Auf welchem Weg verschaffen Sie sich aktuelles Wissen rund um berufliche Notwendigkeiten?**

    D1: „Ich hole mein Wissen unter anderem aus den Gesprächen mit den Kunden. Und natürlich von meinen Kollegen, die fachlich arbeiten und stärker in der informationstechnologischen Materie verwurzelt sind."

    D2: „Nachdem ich ja die Fortbildungen besucht hatte, finde ich es jetzt in allem effektiver, das Internet zu bemühen. Der Vorteil ist, dass ich nicht mehr umsonst wegfahren muss."

- **Welche Kritikpunkte gilt es festzuhalten – für die Zeit der Ausbildung?**

    D1: „An meiner eigenen Person sehe ich, dass all das erworbene Wissen als IT-Fachkraft eine große Halbwertzeit hat. Vieles von dem, was ich damals erlernt habe, ist total veraltet und ich brauche es heute nicht mehr. Zudem habe ich mich freiwillig weiterschule lassen in Richtung Beratung. – Es ist besser, IT-Fachkräfte, entsprechend ihrem eigentlichen Einsatzgebiet als Allrounder, mit aktuellem Wissen und selbstbestimmter auszubilden. Vor Ort müssen sie ja dann auch „ihren Mann stehen."

    D2: „Wenn ich sehe, wie schnell sich der Arbeitsalltag in unserem IT-Bereich verändert, glaube ich kaum, dass die Schulausbildung da noch nachkommen kann. Eventuell noch die Vermittlung der Grundlagen, vielleicht."

- **Sind Sie denn zufrieden mit Ihrem Job in einem facettenreichen Arbeitsumfeld?**

    D1: „Vollkommen. Ich habe ausschließlich Kundenkontakt, aber mit meinem Background des IT-Know-hows kann ich die Kunden fachlich gut überzeugen und Aufträge an Land ziehen."

    D2: „Ja, denn ich habe einen verantwortungsvollen Job und bin technisch gut ausgestattet."

- **Wie gehen Sie als IT-Fachkraft mit unvorhergesehenen Problemen während des Arbeitsprozesses um? Lösen Sie die auftretende Schwierigkeit selbstständig oder fragen Sie zum Absichern beim Vorgesetzten nach? (Kontrollfrage)**

    D1: „Ich bin meist alleine unterwegs, so dass ich auf mich selbst gestellt bin. Und muss deshalb auftretende Probleme selbstständig lösen, zumal ich einen abgegrenzten Arbeitsbereich habe."

    D2: „Ich habe da doch so mein System: Erst probiere ich es alleine und wenn es nicht klappen sollte, dann findet sich eine schnelle Lösung in meinen Netzen."

- **Wie gehen Sie mit dem Zeitdruck im Arbeitsprozess um?**

    D1: „Als Beraterin bin ich weniger diesem Zeitdruck ausgesetzt."

    D2: „Der Zeitdruck gehört zu meinem Beruf. Nicht umsonst werden wir auch die ‚Feuerwehr für Notfälle' genannt. Ich habe da ein starkes Fell."

- **Welche Wünsche haben Sie für Ihre berufliche Zukunft?**

    D1: „Nette menschliche Kontakte in einem weiterhin guten Job mit Perspektive."

    D2: „Ich wünsche mir, dass ich noch lange mit dem Netzwerkeln im Netz mithalten kann."

A 3.5 Transkription der Aufzeichnungen der Arbeitsprozessanalysen im Unternehmen E mit Anwendungsinformatiker (E1) – 27. August 2010 –

- **Welche Ausbildung haben Sie durchlaufen? Quereinsteiger? Welchen Beruf üben Sie heute aus? Und welchen Beruf üben Sie offiziell aus?**

    E1: „Von Hause aus bin ich Betriebswirt, habe dann aber meine Leidenschaft im Programmieren gesehen und habe umgesattelt. Nach meinem FH-Studium habe ich noch mal die Schulbank gedrückt und arbeite jetzt auch als Programmierer mit allem was dazu gehört."

- **Welches fachliche und persönliche Know-how besitzen Sie als IT-Experte?**

    E1: „Was dazu gehört? Multitalent zu sein, die eigentliche Arbeit fristgerecht zu erledigen samt den Querschnittsaufgaben, die immer wieder kurzfristig dazukommen."

- **Wie sehen Ihre Arbeitsaufgaben aus? (Strukturierung)**

    E1: „Per mail gehen verschiedene Kundenwünsche für eine spezielle Programmentwicklung oder Weiterentwicklung ein. Dann arbeite ich vermehrt an Datenbanken und entwerfe unsere hauseigenen Programme, die ich auch als Produkt vertreiben muss."

- **Auf welche Fähigkeiten kommt es in Ihrem Beruf besonders an?**

    E1: „Flexibel zu sein, schnell zu reagieren und im Kopf switchen können, wenn wir uns in Kundenanfragen reindenken müssen. Das alles geschieht erst mal per Hand, so richtig mit Schreibblock und Stift. Das Übersetzen der Lösungsansätze dann ins digitale System ist manchmal nicht einfach."

- **Welche Erwartungen werden an den Beruf gestellt? (Erwartungen seitens des Betriebs, seitens der eigenen Person)**

    E1: „Meine Kollegen und ich müssen immer auf dem Laufenden sein. Das wird vorausgesetzt und diese Anforderung stelle ich auch an mich."

- **Welche Herausforderungen sind zukünftig für den Arbeitsablauf und das Arbeitsprozesswissen relevant?**

    E1: „Wir müssen mit unserem Wissen schneller sein. Vor allem schneller als die Konkurrenz und manchmal auch schneller als mein Kollege. Mit Wissen kann man heute immer noch punkten, vor allem beim Vorgesetzten."

Wer weiß, vielleicht übernehme ich ja mal den Posten. Mein BWL war dafür gar nicht schlecht."

- **Auf welche Schwierigkeiten stoßen Sie als IT-Fachkraft bei der qualifizierten und möglichst effektiven Ausführung der gestellten Aufgaben?**

    E1: „Die technische Entwicklung rast und wir kommen da kaum hinterher, da das Tagesgeschäft immer Vorrang hat. Und ich glaube hierbei auch im Namen meiner Kollegen reden zu können. Zur Tischzeit tauschen wir uns immer mal aus."

- **Wie werden die Schwierigkeiten beseitigt, die Aufgaben bewältigt und die Fragestellungen zufrieden stellend beantwortet?**

    E1: „Manchmal gibt es ruhigere Phasen, da hat man Zeit zum Nachdenken über kundenrelevante Lösungen. Ansonsten findet sich alles im Internet oder ich versuche es mit Freaks im Chat, die sind irgendwie immer online."

- **Wie werden neue Lösungsansätze gefunden?**

    E1: „Meine Arbeit ist stark verbunden mit vielem Ausprobieren, denn das, was wir theoretisch gelernt haben, bringt mich nicht weiter. Und wie gesagt, eine Lösung für fast alles gibt es auf den pages der Experten."

- **Wird Weiterbildung von Seiten des Unternehmens angeboten?**

    E1: „Nein, obwohl die Geschäftsleitung sich nach außen hin immer sehr mitarbeiterfreundlich und fürsorglich gibt."

- **Wenn ja, wie sieht diese Weiterbildung aus? (inhouse oder extern vergeben; zeitlicher und kostenorientierter Aspekt)**

    E1: „Diese Frage hat sich nun erledigt."

- **Befinden Sie sich auf dem neuesten Stand der Entwicklungen? Auf welchem Weg verschaffen Sie sich aktuelles Wissen rund um berufliche Notwendigkeiten?**

    E1: „Glaube schon, denn ich bin wirklich ein leidenschaftlicher Programmierer und hole mir automatisch viele Infos aus Computermagazinen, online versteht sich, na ja, manchmal auch print. ‚Selbststudium am Abend' würde ich sagen, da sitze ich zu Hause noch viel vor dem PC und surfe."

- **Welche Kritikpunkte gilt es festzuhalten – für die Zeit der Ausbildung?**

  E1: „Meine Berufsschulzeit ist noch gar nicht lange vorbei, deshalb kann ich mich gut erinnern. In der schulischen Ausbildung lernt man nur die Grundlagen der Grundlagen. Neueste Programme gibt es in der Schule nicht. Den Umgang mit den Programmen lernen wir im Betrieb, denn hier laufen die neuesten Programme, und wir müssen damit umgehen können. Das Fach BWL wird sehr stiefmütterlich behandelt, das könnten sie auch gerade streichen, so wie sie es mit Mathe gemacht haben. Erst war ich froh, weniger lernen zu müssen, aber jetzt fehlt es halt doch. Alles muss ich nacharbeiten und gleichzeitig vorarbeiten, damit ich mithalten kann und mal den Chef beerbe."

- **Sind Sie denn zufrieden mit Ihrem Job in einem facettenreichen Arbeitsumfeld?**

  E1: „Ja, weil Programmierer zu sein ein doch sehr abwechslungsreicher Job ist. Ich habe noch keine Langeweile erlebt dabei."

- **Wie gehen Sie als IT-Fachkraft mit unvorhergesehenen Problemen während des Arbeitsprozesses um? Lösen Sie die auftretende Schwierigkeit selbstständig oder fragen Sie zum Absichern beim Vorgesetzten nach? (Kontrollfrage)**

  E1: „Ha, natürlich probiere ich erst mal selbstständig, die Aufgabe in den Griff zu bekommen und auch ordentlich abzuschließen. Dann schaue ich nur noch zur Kontrolle ins Netz. Ich will natürlich alles richtig machen, denn unser Chef kontrolliert hin und wieder."

- **Wie gehen Sie mit dem Zeitdruck im Arbeitsprozess um?**

  E1: „Da habe ich so meine persönliche Strategie: Tief durchatmen und durch. Zeitdruck gehört zum Job dazu, denn ohne Stress keine wertvollen Ideen. Wir arbeiten schnell, weil wir müssen. Wehe wenn einer schneller am Markt ist und mit neuen Programmlizenzen freie oder bestehende Kundschaft übernimmt. Das sind dann herbe Verluste."

- **Welche Wünsche haben Sie für Ihre berufliche Zukunft?**

  E1: „Ich bin froh, dass ich fachlich gewechselt habe. Aber auf diesem Posten werde ich bestimmt nicht alt. Ich werde weiterlernen, um Karriere zu machen – Chefsessel?"